高职高专服装专业精品教材

女装结构设计与样板

——日本新文化原型应用与设计

安 平 主 编

刘爱萍 高晓燕 温适云 副主编

郑翠云 参 编

U0242023

中国轻工业出版社

图书在版编目（CIP）数据

女装结构设计与样板：日本新文化原型应用与设计 / 安平主编.
—北京：中国轻工业出版社，2024.5
高职高专服装专业纺织服装教育学会"十二五"规划教材
ISBN 978–7–5019–9785–5

Ⅰ.① 女… Ⅱ.① 安… Ⅲ.① 女服 – 结构设计 – 高等职业教育 –
教材 ② 女服 – 服装量裁 – 高等职业教育 – 教材 Ⅳ.① TS941.717

中国版本图书馆CIP数据核字（2014）第170380号

内 容 提 要

本教材选图典型、规范，运用实例，结合流行时尚，详尽讲授新文化原型的结构变化规律、设计技巧，在章节的安排上遵循由浅入深、由易到难的教学原则。编写的目标是指导每位学习者在使用平面纸样时，将其作为有效的、有能力实现其原始设计思想的一种方法。书中主要内容包括人体体型特征、人体测量与服装号型标准、下装及上装的结构设计、袖子及领子的结构设计，同时以时尚羽绒服为例，分析了服装工业制板的规范要求及方法。

突出应用和职业能力的训练是本教材的特点。本书由校企双方编写人员认真分析服装企业岗位需求，共同确定教材编写内容，以突出实训教学为主。特别注重理论联系实际的原则，紧密结合生产实际，合理处理教材内容的系统性、直观性，既注重借鉴国外的有益经验，更注重同我国服装产业的有机结合。

本教材可作为高职高专服装专业教材、服装专业培训教材及服装从业人员及服装爱好者的自学参考书。

责任编辑：李　红　　　责任终审：劳国强
整体设计：锋尚设计　　责任校对：吴大朋　　责任监印：张　可

出版发行：中国轻工业出版社（北京鲁谷东街5号，邮编：100040）
印　　刷：三河市国英印务有限公司
经　　销：各地新华书店
版　　次：2024年5月第1版第6次印刷
开　　本：889×1194　1/16　印张：11
字　　数：230千字
书　　号：ISBN 978–7–5019–9785–5　定价：30.00元
邮购电话：010–85119873
发行电话：010–85119832　　　010–85119912
网　　址：http://www.chlip.com.cn
Email：club@chlip.com.cn

高职高专服装专业纺织服装
教育学会"十二五"规划教材
编委会

主　编

唐宇冰

副主编

李高成

编　委

丰　蔚　　王明杰　　闫学玲　　安　平　　吴玉红

吴忠正　　宋艳辉　　张　翔　　张婷婷　　段卫红

祖秀霞　　高晓燕　　喻　英

女装结构设计与样板

——日本新文化原型应用与设计

前言

　　女装结构设计与样板是高职院校服装类专业课时最多、覆盖面最广的专业基础课之一，其涵盖了服装设计与工程、服装设计等专业,是从服装设计到服装制作的中间环节，是实现设计师设计思想的根本，也是从立体到平面，再从平面到立体转变的关键，可以称之为设计的再创造、再设计。它在服装设计中有着极其重要的地位，在专业知识链中，它既要服务于服装造型设计，又要做好工艺设计的铺垫，同时还要与立体裁剪互为验证、分工明确，因此起到承上启下、融会贯通的作用。

　　本教材是以日本新文化原型的应用原理及应用方法为基础，讲授女装结构设计的原理及应用技术，注重实用性及可操作性，有助于学习者快速、科学地掌握原型结构设计原理，并能举一反三灵活运用。本书应用案例全部来自企业一线，款式全面实用，根据服装市场流行趋势，增加了连体裤、羽绒服等款式的设计，具有一定的时尚性与创新性，能对服装设计者及研究者提供有价值的参考。

　　本教材适用于我国高等职业技术院校服装专业教学使用，也可以作为中等职业技术学校服装专业的教学参考书，同时也是广大服装产业从业人员及服装制板爱好者的专业读物。

　　由于编者学识疏浅、水平有限，编写过程中难免有错误和疏漏之处，欢迎广大读者批评指正，不吝赐教，不胜感激！

编者

2014年3月

目录
contents

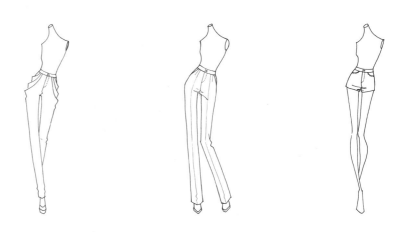

第一章

服装结构设计基础

学习服装结构设计首先要掌握服装结构制图的基础知识，服装结构由服装的造型和功能所决定。服装结构设计是以人体体型与运动功能、服装规格、服装款式、面料质地与性能、工艺要求为依据，运用服装制图方法，在纸张或布料上绘制出服装结构的过程。

第一节　服装结构基础知识

一、服装结构设计的定义

服装结构设计又称为服装构成设计，主要分为平面结构设计与立体造型设计。

1．平面结构设计

平面结构设计是对人体与服装的立体形态进行分析，在纸上或直接在面料上绘制服装结构图与样板、获取服装样板的服装构成技术。随着服装业的发展，平面结构设计分别有原型法、比例法、基型法、标注法等构成法。

2．立体造型设计

立体造型设计也称立体裁剪，是将布料披覆在人体或人体模型上，利用大头针、剪刀等工具，边分析款式造型边剪裁，从而直观地将整体结构分解成基本部件的造型设计过程。

二、服装常用术语

服装术语是服装行业的专业用语，起到传授技艺和交流经验的作用，常用的术语有部位术语、部件术语、制图术语。

1．部位术语

上装部位术语，见表1-1-1，下装部位术语见表1-1-2，其他部位术语见表1-1-3。

表1-1-1

名称	说明
肩缝	前肩与后肩连接的部位
总肩	从左肩端点经过后颈点到后肩端点的宽度
前过肩	肩缝向前衣片移位形成的分割部位
后过肩	肩缝向后衣片移位形成的分割部位
门襟	锁扣眼的衣片
里襟	钉扣的衣片，与门襟相对应
门襟至口	门襟的边沿

续表

名称	说明
门襟翻边	外翻的门襟边
搭门	又称"叠门"，指门襟和里襟重叠在一起的部位，一般是按照面料的厚薄来确定搭门量的大小
门襟贴边	又称"挂面"，指门襟反面比搭门宽的贴边
扣眼	纽扣的眼孔，分锁眼与滚眼两种，滚眼指用面料做的扣眼，锁眼则根据扣眼前端的形状分为方头锁眼与圆头锁眼
假眼	不开眼口的扣眼，起装饰作用
眼距	扣眼之间的距离，可根据服装风格的需要来确定扣眼的位置
扣位	纽扣的位置，与扣眼相对应
单排扣	里襟钉一排纽扣
双排扣	里襟与门襟各钉一排纽扣
领口	又称"领窝"或"领圈"，是根据人体颈部的造型需要，在衣片上绘制的结构线，也是前、后衣身与领子缝合的部位，领子结构的最基本部位，是安装领身或独自担当衣领造型的部位，是衣领结构设计的基础
领嘴	领底口末端至门襟与里襟至口的部位
驳头	衣身与领身相连，向外翻折的部位
驳口	驳头翻折部位
串口	驳头面与领面的缝合线
袖窿	绱袖的部位
摆缝	又称"侧缝"，袖窿下面连接前、后衣身的缝
后背缝	在后衣片中间设置的纵向结构线，是为了符合人体的曲线或造型的需要
底边	衣服下部的边沿部位

表1-1-2

名称	说明
上裆	腰头上口到裤腿分叉处之间的部位，是关系裤子舒适与造型的重要部位
中裆	脚口至臀围距离的二分之一处，是关系到裤子造型的重要部位
横裆	上裆下部的最宽处，由人体形态和款式特点决定，是裤子造型的重要部位
下裆	横裆到脚口的部位
侧缝线	裤子前后片缝合的外侧缝
裤中线	又称"烫迹线"，裤子前后片的中心直线
前上裆线	裤子前片上裆缝合处
后上裆线	裤子后片上裆缝合处

表1-1-3

名称	说明
省道	分布于人体体表凸出的部位，是为了适应人体和服装造型设计的需要，利用工艺手段去掉衣片浮起余量的不平整部分，由省底和省尖两部分组成，按功能和形态进行分类
肩省	是为了塑造前胸与后背的隆起状态，前肩省是收去前中心线处多余部分，使前胸隆起，后肩省是为了符合肩胛骨的隆起状态
领省	省底在领口部位的省道，作用是为了作出胸部和背部的隆起状态，还常用于连衣领的结构设计
袖窿省	省底设在袖窿线上，省尖指向BP点，对作出胸部的造型起重要的作用
侧缝省	省底设在侧缝部位，主要为了作出前胸隆起的状态

续表

名称	说明
腰省	省底在腰部的省道,可塑造胸部的隆起和腰部的曲线
肋省	省底作在肋下部位,使服装的造型呈现人体曲线美
肚省	作在前衣身腹部的省道,常用于凸肚体型的服装制作,一般与大袋口巧妙搭配,使省道处于隐藏状态
褶	为适合体型和服装造型的需要,将部分衣料所作的收进量,上端缝合固定,下端不必缝合呈活口形状,分连续性抽褶与非连续性抽褶两种
裥	为适合体型和服装造型的需要,将部分衣料折叠熨烫而成,可分为顺裥、箱型裥、隐形裥
衩	为使服装穿脱、行走方便和服装造型的需要而设置的开口形式,按开口的部位而有不同的名称,如袖衩、背衩
分割缝	为适合人体体型和服装造型的需要,将衣身、袖身、裤身、裙身等部位进行分割所形成的缝,如刀背缝、公主分割缝
塔克	是在裥的基础上,将衣料折成连口后缉细缝,起装饰作用

2. 部件术语
部件术语,见表1-1-4。

表1-1-4

名称	说明
衣身	覆盖在人体躯干部位的服装部件,分前衣身和后衣身,是服装的主要构成部件
领子	围于人体的颈部,起保护和装饰的作用
领座	单独成为领身部位,或与翻领缝合、连裁在一起形成新的领身,又称"底领"
翻领	必须与领座缝合,连裁在一起的领身部分
底领口线	也称"装领线",领身上需要与领窝缝合在一起的部位
领上口线	领身最上口的部位
外领口线	形成翻领外部轮廓的结构线,它的长短及弯曲度的变化,决定翻领松度
翻折线	将领座与翻领分开的折叠线,它的位置与形状受领子形状及翻领松度的制约
翻驳线	将驳头向外翻折形成的折线
翻折至口点	纽扣的眼孔,分锁眼与滚眼两种,滚眼指用面料做的扣眼,锁眼则根据扣眼前端的形状分为方头锁眼与圆头锁眼
串口线	领身与驳头部分的挂面缝合在一起的缝合线
衣袖	覆盖在人体臂部的服装部件,根据服装整体造型需要,变化十分丰富
袖山	袖片上部与衣身袖窿缝合的部位
袖缝	袖片之间的缝合线,按所在部位可分为前袖缝、后袖缝、中袖缝及其他分割袖缝等
袖肥	袖片横向的距离
大袖	衣袖的大袖片
小袖	衣袖的小袖片
袖口	衣袖下端的边沿部位
袖克夫	缝在衣袖的下口,起收紧和装饰作用
口袋	用于插手与装物品的部件,依服装的款式风格有多种变化
腰头	腰口处与裤身、裙身缝合的部位
袢	服装上起扣紧或牵吊等作用的部件,同时起到装饰服装的作用

3. 服装结构制图主要部位代号
见表1-1-5。

表1-1-5

代号	说明
B	Bust 胸围
UB	Under Bust 胸下围
W	Waist 腰围
H	Hip 臀围
BL	Bust Line 胸围线
WL	Waist Line 腰围线
HL	Hip Line 臀围线
KL	Knee Line 膝围线
BP	Bust Point 胸高点
SNP	Side Neck Point 颈侧点
FNP	Front Neck Point 颈前中点
BNP	Back Neck Point 颈后中点
SP	Shoulder Point 肩端点
AH	Arm Hole 袖窿
HS	Head Size 头围

三、服装制图工具

1. 服装样板制图工具

（1）打板尺：采用硬质透明且具有弹性的材料制成，用于测量和制图，特别是用于绘制平行线、纸样上加缝份等，长度不等。

（2）弧线尺：绘制曲线用的薄板，用于画领围、袖窿、袖山、裆缝等部位的曲线。

（3）弯形尺：两侧呈弧线状的尺子，用于绘制裙子、裤子的侧缝线、袖缝等较长的弧线。

（4）直尺：画直线、测量较短直线距离的尺子，分有机板尺、不锈钢板尺。

（5）比例尺：画图时用来度量长度的工具，刻度按长度单位放大或缩小若干倍。

（6）三角尺：三角形的尺子，有一个角为直角，其余角为锐角，质地透明或半透明。

（7）量角器：制图时用于肩斜度等角度的测量。

（8）圆规：制图时用于画圆和弧线的工具。

（9）铅笔：铅芯有多种规格，可根据制图要求进行选择。

（10）绘图墨水笔：画基础线和轮廓线用的水性笔，墨迹粗细一致，其规格根据所绘制线型宽度可分为0.3mm、0.6mm、0.9mm等多种。

（11）橡皮：修正错误时使用。

2. 样板剪切工具

（1）画粉：在面料上画出纸样轮廓的工具。

（2）美工刀：裁剪纸样用的工具。

（3）剪刀：剪样板用。

（4）裁剪剪刀：用于面料裁剪和缝制。

（5）花边剪刀：刀口呈锯齿形的剪刀，可将布边剪出花边的效果，常用于人造革、无纺布等易松散面料边沿的修饰，也可剪布样用。

　　（6）样板纸：制作样板时用的纸，质地较硬。

　　（7）滚齿轮：复制样板用的工具。

　　（8）大头针：固定衣片用的针。用于试衣补正、立体裁剪。

　　（9）工作台：结构制图、裁剪面料用的工作台，最好为木质，台面需平整。

　　（10）锥子：头部尖锐的金属工具，用于翻折领尖、裁剪时钻洞作标记、缝纫时推布等。

四、服装制图符号

见表1-1-6。

表1-1-6

符号名称	符号表示	说明
辅助线（基础线）		制图的基础线，用细实线或细虚线表示
轮廓线		纸样完成的轮廓线，用粗实线或粗虚线表示
贴边线（挂面线）		表示贴边的位置
等分线		表示长度、左右相等或若干相等的小段，将线段分成若干等份，表示等分程度，用细实线或细虚线表示
经向		箭头表示布纹的经纱方向
丝毛方向	顺毛　倒毛	在有绒毛方向或有光泽的布料上表示绒毛的方向；表示裁剪时顺丝方向
斜向		表示布料的斜丝纹
对折裁线		表示布料对折裁的位置
连折线		表示布料整体连折，不剪开
翻折线		表示翻折的位置或折进的位置
缝制线		表示缝纫针迹线

续表

符号名称	符号表示	说明
胸高点（BP点）	×	表示胸部最高点，用细实线表示
直角		直角标记
重叠线		表示纸样的重叠交叉
拔开		表示将某部位长度方向拉长
收缩		表示将某部位长度方向缩短
归拢		表示归拢位置
拼合		表示纸样的拼合、连裁，裁布时样板拼合裁剪
等量号	○ ∅ △ □ ● ◎ ⊙	表示尺寸相等
合并、剪开	剪开　合并	表示省道合并及剪开，将虚线部位合并，实线部分剪开
单褶		斜线方向表示褶裥折倒的方向
对褶		斜线方向表示褶裥折倒的方向
纽扣	⊕	纽扣位置
扣眼		表示纽扣眼位置、大小及钉扣位置

续表

符号名称	符号表示	说明
缩缝	〜〜〜〜	布料缝制时需收缩
抽褶	〜〜〜〜〜	表示抽褶符号
钉扣	╋	表示钉扣位置
钻孔	⊕	表示裁剪时需要钻孔的位置
对位	（前）　　（后）	表示相关衣片两侧的对位
拉链缝止点	▷╋——	表示拉链缝止点的位置

第二节　人体结构与测量

　　服装是人体的外包装，服装的设计、结构制图及成衣的工业化生产都必须以人体的形态为依据。服装结构设计是以体现人体的自然形态和运动机能为目的，可以说，是对人体特征的概括与归纳。服装的工业化生产，虽然不需要逐件进行量体裁衣，但必须在大量人体测量的基础上，掌握人体各项数据的平均值和数据分布情况，进行产品规格和号型系列规格的设计。从服装与人体之间的关系来看，为了设计出舒适、美观、符合人体需要的服装，了解人体的构造、机能、基本形状十分必要。人体知识的掌握，对服装造型的美感、结构的合理性以及功能性都有十分重要的意义。

一、人体结构

1. 人体区域的划分
　　人体是由头部、躯干、上肢、下肢四大部分组成的，头部呈蛋形，由脑颅和面颅组成，是确定帽子大小的依据；躯干部分包括颈部、胸部、背部、腹部等部位；上肢部分包括肩端部、上臂、肘、下臂、腕部和手等部位；下肢部分包括髋部、大腿、膝、小腿、踝部和脚等部位。

2. 人体骨骼见图
　　骨骼是支撑人体形状的支架，由206块不同形状的骨头组成，在外形上决定了人体比例的长短、形体的高矮。各骨骼之间由关节连接在一起，关节决定着人体运动的方向和范围，人体关节的活动特征对服装结构有重要影响，见图1-2-1。

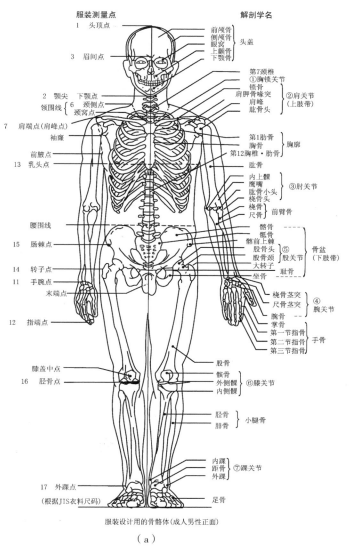
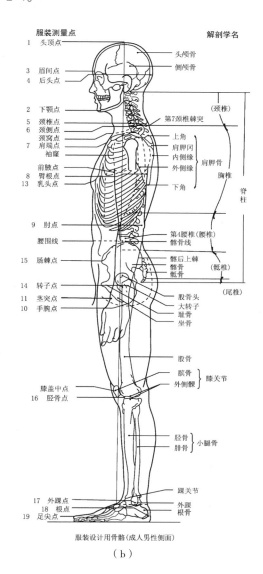

服装设计用的骨骼体（成人男性正面）
（a）

服装设计用骨骼（成人男性侧面）
（b）

▲ 图1-2-1　人体骨骼的名称

3. 肌肉

　　肌肉是构成人体立体形态的主要因素，附着于骨骼和关节之上，人体共有600多块肌肉，肌肉的发育状况影响着人体呈现不同的体态特征，肌肉的收缩牵动着关节、骨骼产生动作，由于人体肌肉直接或间接地影响着人体外形，因此是服装结构设计的依据，见图1-2-2。

4. 皮肤

　　皮肤位于人体最外层，具有各种生理机能，与外界环境直接接触，并感知外界的状况。皮肤分为表皮、真皮、皮下脂肪三个部分，皮下脂肪的厚度因年龄、性别、种族的不同而不同，在身体各个部位的分布也不完全相同。一般情况下，女性脂肪较男性脂肪厚，成人脂肪较小孩脂肪厚，通常在乳房、大腿、臀部、腹部等部位脂肪分布较多。由于各种因素的影响形成了各种各样的体形特征，为结构制图提供了重要的理论依据。

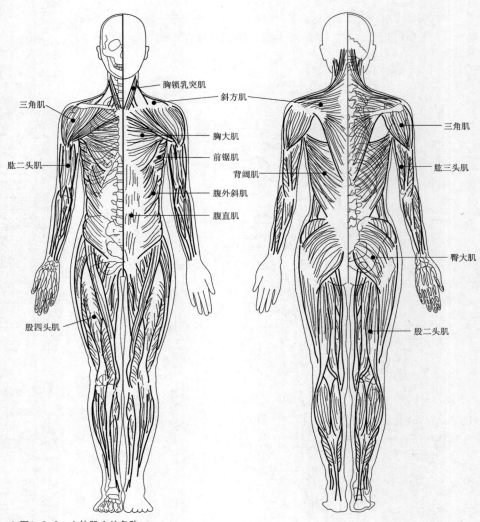

三角肌
胸锁乳突肌
斜方肌
胸大肌
前锯肌
肱二头肌
背阔肌
腹外斜肌
腹直肌
三角肌
肱三头肌
臀大肌
股四头肌
股二头肌

▲ 图1-2-2　人体肌肉的名称

二、男、女人体体型特征

　　由于男、女骨骼、肌肉、表层组织的差异及生理上的原因，造成了男、女体型上的差异，各自呈现出不同的体型特征，所以，研究并掌握人体结构与体型特征，是服装结构造型设计的基础和依据。

1. 女性体型特征
　　成年女性外表柔和平滑，人体脂肪层较厚，肌肉光滑圆润，下身骨骼较发达，肩部较平较窄小，胸廓体积较小，骨盆宽而厚，腰部收进明显，正面呈正梯形，侧面胸部隆起而起伏较大，背部稍向后倾斜，颈部前倾，腹部前挺，身体呈优美的"S"形特征，见图1-2-3。

2. 男性体型特征
　　成年男性外形显得起伏不平，上身骨骼较发达，人体脂肪层较薄，有短而突起的块状肌肉，肩较宽，胸廓体积大，骨盆窄而薄，颈部竖直，胸部前倾，收腹，整体造型挺拔有力，正面呈倒梯形见图1-2-4。

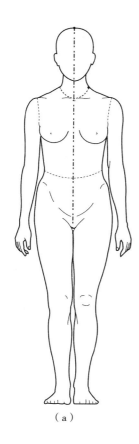
（a）

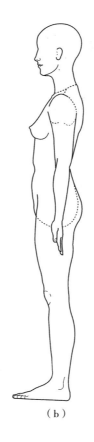
（b）

◀图1-2-3　女人体体型特征

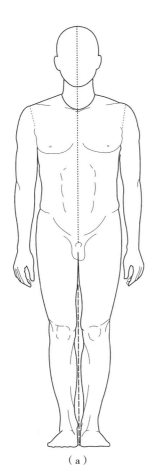
（a）

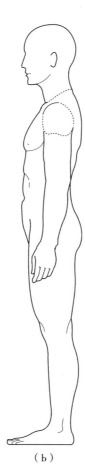
（b）

◀图1-2-4　男人体体型特征

三、人体测量

1. 人体测量的姿态要求

测量人体时，被测者一般是采取立姿和坐姿，立姿要求被测者挺胸站立，双臂下垂，自然贴于身体两侧，直视前方，姿态自然，肩部放松，两腿并拢，两脚后跟靠紧，两脚尖自然分开呈45°夹角。测量者应位于被测者的左侧。测量坐姿要求被测者挺胸坐在高度适中的椅子上，上身自然伸直，与椅面成垂直角度，平视前方，小腿与地面垂直，大腿与地面基本平行，双手平放于大腿之上。

2. 被测者的着装要求

由于人体测量值的使用目的不同，被测者的着装要求也有不同。测量时最好采用裸体或接近裸体状态，如果是制作外衣时的测量，也可以穿内衣进行测量。

3. 人体测量注意事项

（1）人体测量一般是从前到后，由左向右，自上而下按部位顺序进行。

（2）测量时，软尺要松紧适度，以顺势自然贴身为宜。测量长度时软尺要垂直；测量围度时，要使软尺水平绕体，不能倾斜；测量胸围要在人体自然呼吸状态下进行。

（3）另外在测量时还要注意仔细观察被测者的体型特征，对特殊体型应加测特殊部位的尺寸，并将特殊部位记录下来，以便制图时做相应的调整。

（4）测量人体时要注意区别服装的品种类别、穿着的场合和季节要求，灵活判断掌握放松量。

4. 人体测量的基准点

为了对人体进行准确测量，可以在人体体表确定一些点作为测量基准点，如图1-2-5所示，基准点应选择那些明显、易测的部位。

（1）头顶点：位于人体中心线上，是头顶部的最高点。

（2）后颈椎点：颈部第七颈椎点，是测量背长的基准点。

（3）颈侧点：位于颈侧根部的曲线上，从侧面看在前后颈厚度的中心略偏后的位置。

（4）颈前中点：颈根部曲线的前中心点，也是前领围的中点。

（5）肩端点：手臂和肩部的交点。

（6）腋窝前点：手臂根部的曲线内侧位置，是测量前胸宽的基准点。

（7）腋窝后点：手臂根部的曲线外侧位置，是测量后背宽的基准点。

（8）胸高点：胸部的最高点，是女装构成最重要的基准点之一。

（9）肘点：上肢自然弯曲时，尺骨上端向外明显突出的点，是测量上臂长的基准点。

（10）手腕点：尺骨下端外侧的突出点，是测量袖长的基准点。

（11）臀突点：臀部最突出点。

（12）膝关节点：位于膝关节处。

（13）外踝点：脚腕外侧踝骨的突出点，是测量裤长的基准点。

5. 人体测量的具体部位和方法

见图1-2-6。

（1）总身高：人体站立时从头顶点垂直向下量至地面的距离。

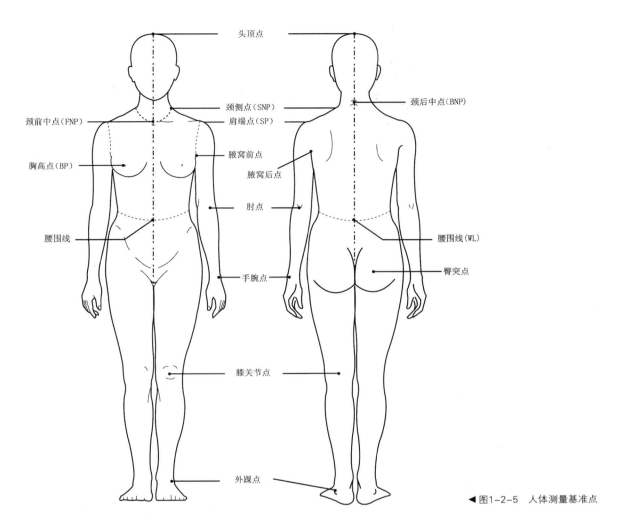

头顶点

颈侧点（SNP）
颈后中点（BNP）

颈前中点（FNP）
肩端点（SP）

腋窝前点

胸高点（BP）
腋窝后点

肘点

腰围线
腰围线（WL）

臀突点

手腕点

膝关节点

外踝点

▶ 图1-2-5　人体测量基准点

（2）头围：从额头在耳上方通过头部最大围度，轻绕一周测量头横围。头纵围是从左侧颈点绕过头顶至右侧颈点的围度，以上两个尺寸通常不做测量，在制作连衣帽时用。

（3）颈根围：绕颈根部通过左右颈侧点、前颈点、后第七颈椎点围量一周，为基本领口尺寸。

（4）胸围：过胸高点围绕胸部一周，通过胸高点保持水平测量，被测者呈自然呼吸状态。

（5）腰围：围绕腰部最细处水平围量一周的长度。

（6）臀围：在臀部最丰满处水平围量一周的长度。

（7）中臀围：腰围与臀围中间位置水平围量一周的长度。

（8）颈中围：通过喉结，在颈中部水平围量一周的长度。

（9）上臂长：从肩端点向下量至肘点的距离。

（10）臂长：从肩端点向下量至手腕点的距离。

（11）坐姿颈椎点高：人坐在椅子上，颈椎点垂直量至椅面的距离。

（12）肩宽：从左肩端点通过颈椎点量至右肩端点的距离。

（13）胸宽：从前胸左腋窝点水平量至右腋窝点之间的距离。

（14）膝围：通过膝盖中点水平围量一周的长度。

（15）小腿中围：在小腿最丰满处水平围量一周的长度。

（16）大腿根围：在大腿根部水平围量一周的长度。

（17）小腿下围：踝骨上部最细处水平围量一周的长度。

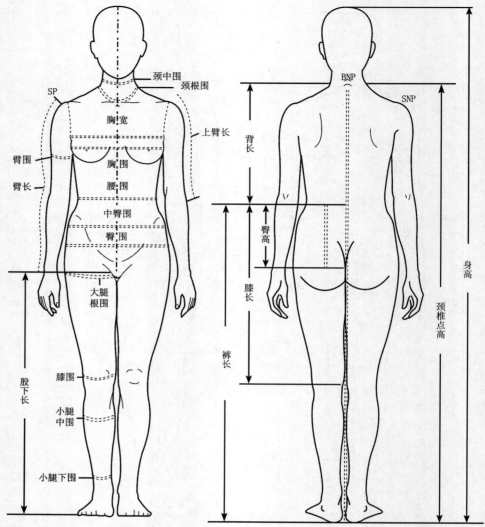

▲ 图1-2-6   人体测量的具体部位和方法

▌第三节   服装号型

　　人体测量是进行服装结构设计的前提，只有通过正确的人体测量，才能取得表示人体各部位体型特征的相关数据，在进行结构制图和样板制作时，才能使各部位的尺寸有可靠的依据。测量分两类，一类是针对个体的"量体裁衣"，为了使服装穿在身上达到合体、美观、舒适的效果，就必须在制作前对人体的主要部位进行测量，通过测量，直接获取人体各部位的尺寸数据，并以量体所得的尺寸为依据，进行结构设计与样板制作。另一类是针对服装工业化生产的需要所进行的人体测量，适用于服装工业生产的号型规格系列的制定，是建立在大量人体测量的基础之上的，通过对全国各地不同人群所进行的人体测量，来获取大量的有效的数据，然后对这些数据进行科学地分析和研究，以获得人体各部位的相互关系和不同体型的变化规律，制定出具有代表性的号型系列。我国的GB1335-1997

《服装号型标准》就是在全国六个自然区域进行了大量的人体测量而得出的号型系列标准，为我国的服装工业生产规格的制定提供了依据。

号是指人体的身高，是设计和选购服装长短的依据，以厘米为单位表示；型是指人体的围度（胸围或腰围），表示服装围度的参数。为了计算和操作方便，在1998年进行的国家号型标准修订中取消了5·3系列，只保留了5·4系列和5·2系列。在规格上，由四种体型分类代号表示体型的适应范围。根据三围（胸围、腰围、臀围）之间的关系，将成年人的体型划分为Y、A、B、C四种，其中A体型是中间体型，划分体型的依据是胸围与腰围的差数，见表1-3-1，表1-3-2。

表1-3-1　　　　　　　成年男子体型分类　　　　　　　单位：cm

体型分类代号	Y	A	B	C
胸围与腰围的差数	22~17	16~12	11~7	6~2

表1-3-2　　　　　　　成年女子体型分类　　　　　　　单位：cm

体型分类代号	Y	A	B	C
胸围与腰围的差数	24~20	19~14	13~9	8~4

综合号、型和体型分类就可以得到不同规格的信息，号和型之间用斜线分开，后接本体型的分类代号。如160/84A的规格，160号表示适用于身高158~162cm的女性人体；84适用于胸围在82~85cm的女性人体；A表示适用于胸腰差在18~14cm的女性人体，下装68A型，适用于腰围67~69cm及胸腰差在18~14cm的女性人体，其他以此类推。

号型系列以各体型中间体为中心，向两边依次递增或递减，把人体的号和型进行有规则的分档排列即为号型系列。身高以5cm分档，胸围和腰围分别是以4cm和2cm分档，身高分别与胸围、腰围搭配，组成5·4和5·2基本号型系列。其中5表示身高每档之差是5cm；4表示胸围分档之差；2表示腰围分档之差，具体见表1-3-3至表1-3-10。

表1-3-3　　　　　　　　　　　女子（5.4 5.2）Y号型系列　　　　　　　　　　　单位：cm

腰围＼身高／胸围	Y													
	145		150		155		160		165		170		175	
72	50	52	50	52	50	52	50	52						
76	54	56	54	56	54	56	54	56	54	56				
80	58	60	58	60	58	60	58	60	58	60	58	60		
84	62	64	62	64	62	64	62	64	62	64	62	64	62	64
88	66	68	66	68	66	68	66	68	66	68	66	68	66	68
92			70	72	70	72	70	72	70	72	70	72	70	72
96			74	76	74	76	74	76	74	76	74	76	74	76

表1-3-4　　　　　　　　　　　女子（5.4 5.2）A号型系列　　　　　　　　　　　单位：cm

腰围＼身高／胸围	A																				
	145			150			155			160			165			170			175		
72				54	56	58	54	56	58	54	56	58									

续表

腰围＼身高 ＼胸围	A 145			150			155			160			165			170			175		
76	58	60	62	58	60	62	58	60	62	58	60	62	58	60	62						
80	62	64	66	62	64	66	62	64	66	62	64	66	62	64	66	62	64	66			
84	66	68	70	66	68	70	66	68	70	66	68	70	66	68	70	66	68	70	66	68	70
88	70	72	74	70	72	74	70	72	74	70	72	74	70	72	74	70	72	74	70	72	74
92				74	76	78	74	76	78	74	76	78	74	76	78	74	76	78	74	76	78
96							78	80	82	78	80	82	78	80	82	78	80	82	78	80	82

表1-3-5　　　　　　　　　　　　　　　女子（5.4 5.2）B号型系列　　　　　　　　　　单位：cm

腰围＼身高 ＼胸围	B 145		150		155		160		165		170		175	
68			56	58	56	58	56	58						
72	60	62	60	62	60	62	60	62	60	62				
76	64	66	64	66	64	66	64	66	64	66				
80	68	70	68	70	68	70	68	70	68	70	68	70		
84	72	74	72	74	72	74	72	74	72	74	72	74	72	74
88	76	78	76	78	76	78	76	78	76	78	76	78	76	78
92	80	82	80	82	80	82	80	82	80	82	80	82	80	82
96			84	86	84	86	84	86	84	86	84	86	84	86
100					88	90	88	90	88	90	88	90	88	90
104							92	94	92	94	92	94	92	94

表1-3-6　　　　　　　　　　　　　　　女子（5.4 5.2）C号型系列　　　　　　　　　　单位：cm

腰围＼身高 ＼胸围	C 145		150		155		160		165		170		175	
68	60	62	60	62	60	62								
72	64	66	64	66	64	66	64	66						
76	68	70	68	70	68	70	68	70						
80	72	74	72	74	72	74	72	74	72	74				
84	76	78	76	78	76	78	76	78	76	78	76	78		
88	80	82	80	82	80	82	80	82	80	82	80	82		
92	84	86	84	86	84	86	84	86	84	86	84	86	84	86
96			88	90	88	90	88	90	88	90	88	90	88	90
100			92	94	92	94	92	94	92	94	92	94	92	94
104					96	98	96	98	96	98	96	98	96	98
108							100	102	100	102	100	102	100	102

表1-3-7　　　　　　　　　　　男子（5.4 5.2）Y号型系列　　　　　　　　　　　单位：cm

腰围／胸围＼身高	Y													
	155		160		165		170		175		180		185	
76			56	58	56	58	56	58						
80	60	62	60	62	60	62	60	62	60	62				
84	64	66	64	66	64	66	64	66	64	66	64	66		
88	68	70	68	70	68	70	68	70	68	70	68	70	68	70
92			72	74	72	74	72	74	72	74	72	74	72	74
96					76	78	76	78	76	78	76	78	76	78
100							80	82	80	82	80	82	80	82

表1-3-8　　　　　　　　　　　男子（5.4 5.2）A号型系列　　　　　　　　　　　单位：cm

腰围／胸围＼身高	A																				
	155			160			165			170			175			180			185		
72				56	58	60	56	58	60												
76	60	62	64	60	62	64	60	62	64	60	62	64									
80	64	66	68	64	66	68	64	66	68	64	66	68	64	66	68						
84	68	70	72	68	70	72	68	70	72	68	70	72	68	70	72	68	70	72			
88	72	74	76	72	74	76	72	74	76	72	74	76	72	74	76	72	74	76	72	74	76
92				76	78	80	76	78	80	76	78	80	76	78	80	76	78	80	76	78	80
96							80	82	84	80	82	84	80	82	84	80	82	84	80	82	84
100										84	86	88	84	86	88	84	86	88	84	86	88

表1-3-9　　　　　　　　　　　男子（5.4 5.2）B号型系列　　　　　　　　　　　单位：cm

腰围／胸围＼身高	B													
	155		160		165		170		175		180		185	
72	62	64	62	64										
76	66	68	66	68	66	68								
80	70	72	70	72	70	72	70	72						
84	74	76	74	76	74	76	74	76	74	76				
88	78	80	78	80	78	80	78	80	78	80	78	80		
92	82	84	82	84	82	84	82	84	82	84	82	84	82	84
96			86	88	86	88	86	88	86	88	86	88	86	88
100					90	92	90	92	90	92	90	92	90	92
104							94	96	94	96	94	96	94	96

表1-3-10　　　　　　　　　　　　　　男子（5.4 5.2）C号型系列　　　　　　　　　　　单位：cm

腰围／胸围＼身高		155		160		165		170		175		180		185	
		C													
76		70	72	70	72	70	72								
80		74	76	74	76	74	76	74	76						
84		78	80	78	80	78	80	78	80	78	80				
88		82	84	82	84	82	84	82	84	82	84	82	84		
92		86	88	86	88	86	88	86	88	86	88	86	88	86	88
96		90	92	90	92	90	92	90	92	90	92	90	92	90	92
100				94	96	94	96	94	96	94	96	94	96	94	96
104				98	100	98	100	98	100	98	100	98	100	98	100
108								102	104	102	104	102	104	102	104
112										106	108	106	108	106	108

服装号型是为生产成衣而设置的，也是为了最大程度地满足消费者的适体要求。因此，只有身高、胸围、腰围三个基本部位的数据是不够的，还需要某些主要部位的数据，我国女装标准中，号型标准的控制部位有：颈椎点高、坐姿颈椎点高、全臂长、腰围高、颈围、总肩宽、臀围。这些部位称为"控制部位"，在四个系列号型中分别配有"服装号型各系列控制部位数值"，它是人体主要部位的标准尺寸，其功能和通用的国际标准参考尺寸相同，当设计者确定某规格时，可依此查出对应的"控制部位尺寸"作为纸样设计的参考。国家服装号型标准中，配合女装的四个号型系列，制定了"女装号型系列分档数值"，以此作为样板推档的参数，表中"采用数"一栏中的数值是推档采用的数据。服装号型各系列分档数值表中"身高"所对应的高度部位是颈椎点高、坐姿颈椎点高、全臂长、腰围高；"胸围"所对应的围度部位是颈围、总肩宽；"腰围"所对应的围度部位是臀围，见表1-3-11至表1-3-19。

表1-3-11　　　　　　　　　　　女子Y体型服装号型分档数值表　　　　　　　　　　单位：cm

体型／部位	Y							
	中间体		5.4系列		5.2系列		身高.胸围.腰围每增减1cm	
	计算数	采用数	计算数	采用数	计算数	采用数	计算数	采用数
身高	160	160	5	5	5	5	1	1
坐姿颈椎点高	62.6	62.5	1.66	2.00			0.33	0.40
颈椎点高	136.2	136.0	4.46	4.00			0.89	0.80
全臂长	50.4	50.5	1.66	1.50			0.33	0.30
腰围高	98.2	98.0	3.34	3.00	3.34	3.00	0.67	0.60
胸围	84	84	4	4			1	1
颈围	33.4	33.4	0.73	0.80			0.18	0.20
总肩宽	39.9	40.0	0.70	1.00			0.18	0.25
腰围	63.6	64.0	4	4	2	2	1	1
臀围	89.2	90.0	3.12	3.60	1.56	1.80	0.78	0.90

表1-3-12　　　　　　　　　　　　　　女子A体型服装号型分档数值表　　　　　　　　　　　　　单位：cm

体型	A							
部位	中间体		5.4系列		5.2系列		身高.胸围.腰围每增减1cm	
	计算数	采用数	计算数	采用数	计算数	采用数	计算数	采用数
身高	160	160	5	5	5	5	1	1
坐姿颈椎点高	62.6	62.5	1.65	2.00			0.33	0.40
颈椎点高	136.0	136.0	4.53	4.00			0.91	0.80
全臂长	50.4	50.5	1.70	1.50			0.34	0.30
腰围高	98.1	98.0	3.37	3.00	3.37	3.00	0.68	0.60
胸围	84	84	4	4			1	1
颈围	33.7	33.6	0.78	0.80			0.20	0.20
总肩宽	39.9	39.4	0.64	1.00			0.16	0.25
腰围	68.2	68.0	4	4	2	2	1	1
臀围	90.9	90.0	3.18	3.60	1.60	1.80	0.80	0.90

表1-3-13　　　　　　　　　　　　　　女子B体型服装号型分档数值表　　　　　　　　　　　　　单位：cm

体型	B							
部位	中间体		5.4系列		5.2系列		身高.胸围.腰围每增减1cm	
	计算数	采用数	计算数	采用数	计算数	采用数	计算数	采用数
身高	160	160	5	5	5	5	1	1
坐姿颈椎点高	63.2	63.0	1.81	2.00			0.36	0.40
颈椎点高	136.3	136.5	4.57	4.00			0.92	0.80
全臂长	50.5	50.5	1.68	1.50			0.34	0.30
腰围高	98.0	98.0	3.34	3.00	3.30	3.00	0.67	0.60
胸围	88	88	4	4			1	1
颈围	34.7	34.6	0.81	0.80			0.20	0.20
总肩宽	40.3	39.8	0.69	1.00			0.17	0.25
腰围	76.6	78.0	4	4	2	2	1	1
臀围	94.8	96.0	3.27	3.20	1.64	1.60	0.82	0.80

表1-3-14　　　　　　　　　　　　　　女子C体型服装号型分档数值表　　　　　　　　　　　　　单位：cm

体型	C							
部位	中间体		5.4系列		5.2系列		身高.胸围.腰围每增减1cm	
	计算数	采用数	计算数	采用数	计算数	采用数	计算数	采用数
身高	160	160	5	5	5	5	1	1
坐姿颈椎点高	62.7	62.5	1.80	2.00			0.35	0.40
颈椎点高	136.5	136.5	4.48	4.00			0.90	0.80
全臂长	50.5	50.5	1.60	1.50			0.32	0.30
腰围高	98.2	98.0	3.27	3.00	3.27	3.00	0.65	0.60
胸围	88	88	4	4			1	1
颈围	34.9	34.8	0.75	0.80			0.19	0.20
总肩宽	40.5	39.2	0.69	1.00			0.17	0.25

续表

体型	C							
部位	中间体		5.4系列		5.2系列		身高.胸围.腰围每增减1cm	
	计算数	采用数	计算数	采用数	计算数	采用数	计算数	采用数
腰围	81.9	82.0	4	4	2	2	1	1
臀围	96.0	96.0	3.33	3.20	1.66	1.60	0.83	0.80

表1-3-15 　　　　　　　　　男子A体型服装号型分档数值表 　　　　　　　　单位：cm

体型	A							
部位	中间体		5.4系列		5.2系列		身高.胸围.腰围每增减1cm	
	计算数	采用数	计算数	采用数	计算数	采用数	计算数	采用数
身高	170	170	5	5	5	5	1	1
坐姿颈椎点高	66.3	66.5	1.86	2.00			0.37	0.40
颈椎点高	145.1	145.0	4.50	4.00			0.90	0.80
全臂长	55.3	55.5	17.1	1.50			0.34	0.30
腰围高	102.3	102.5	3.11	3.00	3.11	3.00	0.62	0.60
胸围	88	88	4	4			1	1
颈围	37	36.8	0.98	1			0.25	0.25
总肩宽	43.7	43.6	1.11	1.20			0.29	0.30
腰围	74.1	74.0	4	4	2	2	1	1
臀围	90.1	90	2.91	3.20	1.50	1.60	0.73	0.80

表1-3-16 　　　　　　　　　女子（5.4 5.2）Y号型系列控制部位数值 　　　　　　　单位：cm

部位	Y													
	数值													
身高	145		150		155		160		165		170		175	
坐姿颈椎点高	56.5		58.5		60.5		62.5		64.5		66.5		68.5	
颈椎点高	124.0		128.0		132.0		136.0		140.0		144.0		148.0	
全臂长	46.0		47.5		49.0		50.5		52.0		53.5		55.0	
腰围高	89.0		92.0		95.0		98.0		101.0		104.0		107.0	
胸围	72		76		80		84		88		92		96	
颈围	31.0		31.8		32.6		33.4		34.2		35.0		35.8	
总肩宽	37.0		38.0		39.0		40.0		41.0		42.0		43.0	
腰围	50	52	54	56	58	60	62	64	66	68	70	72	74	76
臀围	77.4	79.2	81.0	82.8	84.6	86.4	88.2	90.0	91.8	93.6	95.4	97.2	99.0	100.8

表1-3-17 　　　　　　　　　女子（5.4 5.2）A号型系列控制部位数值 　　　　　　　单位：cm

部位	A						
	数值						
身高	145	150	155	160	165	170	175
坐姿颈椎点高	56.5	58.5	60.5	62.5	64.5	66.5	68.5

续表

A

部位	数值						
身高	145	150	155	160	165	170	175
颈椎点高	124.0	128.0	132.0	136.0	140.0	144.0	148.0
全臂长	46.0	47.5	49.0	50.5	52.0	53.5	55.0
腰围高	89.0	92.0	95.0	98.0	101.0	104.0	107.0
胸围	72	76	80	84	88	92	96
颈围	31.2	32.0	32.8	33.6	34.4	35.2	36.0
总肩宽	36.4	37.4	38.4	39.4	40.4	41.4	42.4

部位	数值																				
腰围	54	56	58	58	60	62	62	64	66	66	68	70	70	72	74	74	76	78	78	80	84
臀围	77.4	79.2	81.0	81.0	82.8	84.6	84.6	86.4	88.2	88.2	90.0	91.8	91.8	93.6	95.4	95.4	97.2	99.0	99.0	100.8	102.6

表1-3-18　　　　　　　　　　女子（5.4 5.2）B号型系列控制部位数值　　　　　　　　　　单位：cm

B

部位	数值						
身高	145	150	155	160	165	170	175
坐姿颈椎点高	57.0	59.0	61.0	63.0	65.0	67.0	69.0
颈椎点高	124.5	128.5	132.0	136.5	140.5	144.5	148.5
全臂长	46.0	47.5	49.0	50.5	52.0	53.0	55.0
腰围高	89.0	92.0	95.0	98.0	101.0	104.0	107.0

部位	数值									
胸围	68	72	76	80	84	88	92	96	100	104
颈围	30.6	31.4	32.2	33.0	33.8	34.6	35.4	36.2	37.0	37.8
总肩宽	34.8	35.8	36.8	37.8	38.8	39.8	40.8	41.8	42.8	43.8

部位	数值																			
腰围	56	58	60	62	64	66	68	70	72	74	76	78	80	82	84	86	88	90	92	94
臀围	78.4	80.0	81.6	83.2	84.8	86.4	88.0	89.6	91.2	92.8	94.4	96.0	97.6	99.2	100.8	102.4	104.0	105.6	107.2	108.8

表1-3-19　　　　　　　　　　女子（5.4 5.2）C号型系列控制部位数值　　　　　　　　　　单位：cm

C

部位	数值						
身高	145	150	155	160	165	170	175
坐姿颈椎点高	56.5	58.5	60.5	62.5	64.5	66.5	68.5
颈椎点高	124.5	128.5	132.5	136.5	140.5	144.5	148.5
全臂长	46.0	47.5	49.0	50.5	52.0	53.0	55.0
腰围高	89.0	92.0	95.0	98.0	101.0	104.0	107.0

部位	数值										
胸围	68	72	76	80	84	88	92	96	100	104	108
颈围	30.8	31.6	32.4	33.2	34.0	34.8	35.6	36.4	37.2	38.0	38.8
总肩宽	34.2	35.2	36.2	37.2	38.2	39.2	40.2	41.2	42.2	43.2	44.2

部位	数值																					
腰围	60	62	64	66	68	70	72	74	76	78	80	82	84	86	88	90	92	94	96	98	100	102
臀围	78.4	80.0	81.6	83.2	84.8	86.4	88.0	89.6	91.2	92.8	94.4	96.0	97.6	99.2	100.8	102.4	104.0	105.6	107.2	108.8	110.4	112.0

女装结构设计与样板
——日本新文化原型应用与设计

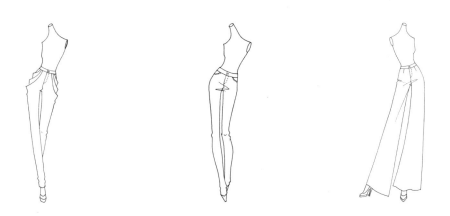

第二章

女下装的结构设计

女下装是覆盖人体下半身的服装总称，主要分为裙子和裤子两大类。两者在结构上既有关联又有区别。

第一节　裙子概述

一、裙子的分类

1. 按裙子的外形轮廓分类

在裙子的变化过程中，最能显著改变裙子结构特征的是外形轮廓的变化。影响裙子外形轮廓的主要因素有：臀围与人体的贴合程度、裙摆的宽度、裙子的长度等。同一种轮廓的裙子可设定为不同的长度，产生长度变化；同一种轮廓的裙子还可以采用分割、褶裥、斜裁起波浪等设计手法进行二次造型，产生细节变化；将不同的造型手法综合运用，就可以创造出千变万化的裙子结构。裙子按外形轮廓可分为：直筒裙、A字裙、紧身裙、圆摆裙、喇叭裙、褶裥裙、塔裙、鱼尾裙等。

2. 按裙长分类

可以说裙子的长度变化是裙子流行趋势的晴雨表，裙子长度的变化在时尚潮流中起着重要的作用，几乎所有的长度都曾经在某一时期内引领过时尚。裙子按裙长可分为：超短裙、迷你裙、及膝裙、中长裙、长裙、曳地长裙等。

3. 按裙腰特征分类

按裙子的腰线与人体实际腰线的差异，可将裙子分为：低腰裙、无腰裙、装腰裙、高腰裙、连腰裙等。

二、裙子的功能性与人体活动

人体在日常生活中经常处于坐立、行走、蹲起等活动状态，裙子必须满足这些活动的基本松量需要。人体在静力状态下，我们要考虑裙子应具有一定的呼吸松量，同时腹部是松软组织，又允许有一定的压迫量，因此，在腰部一般给1cm左右的松量；人体在行走、上下台阶、跑跳等运动过程中，需要裙子下摆有一定的打开量，以保证双腿有一定的活动空间，而且双腿以髋部为轴心，步幅越大，裙子摆幅应越大。相同的步幅，裙子越长，下摆越宽，见表2-1-1。

在设计过膝的紧身裙时，外形要求裙子包裹人体，只能给予很小的松量，但因此也必定影响人体活动，所以要加入开衩或者褶裥来满足活动要求。人体步幅与裙长、裙摆的关系如图2-1-1所示，数据以实测成人平均步长为依据，根据裙长长度推算得到。

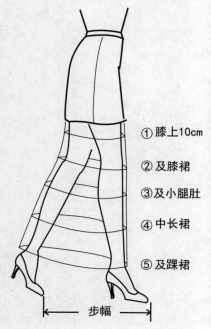

①膝上10cm

②及膝裙

③及小腿肚

④中长裙

⑤及踝裙

步幅

▲ 图2-1-1　人体步幅与裙长、裙摆围的关系

表2-1-1　　　　步行时不同裙长与裙摆大小的尺寸　　　　　　　单位：cm

部位	步幅	膝上10	及膝	及小腿肚	中长裙	及踝裙
裙摆	66	94	100	63	134	146

第二节　裙子结构设计

一、紧身裙（裙原型）

1. 款式风格

紧身裙的纸样结构是裙子的基本纸样，适穿面很广，是一款常见的裙子款式，裙长可根据流行及个人喜好自由设计，为了便于行走，后中心处加入开衩设计，在紧身裙基础上进行切展等结构变化，可以变化多种裙型，见图2-2-1所示。

2. 面料

紧身裙宜选用有一定厚度和挺括度的棉、毛、麻、化纤等面料。

3. 成品规格

号型：160/68A　　　　　　　　　　　　　　　　　　　　单位：cm

部位	腰围	臀围	臀长	裙长	腰头宽
尺寸	69	94	18	63	3

4. 结构制图要点

见图2-2-2。

（1）做一长方形：纵向长为（裙长–3）cm，横向宽为（$H/2+2$）cm，2cm为基本松量。

（2）做臀围线、侧缝线：确定臀长线，从腰围线到臀围线之间的距离为臀长线，依据审美的需要，将臀围进行前大后小的分配：前臀围（cm）为$H/4+1$（松量）+1（前后差），后臀围为$H/4+1$（松量）–1（前后差）。

（3）做腰围线及侧缝线：总腰围加1cm的松量，根据臀部起翘程度的大小确定前后腰围的差为2cm，如果臀部起翘小则前后差变小。在前腰围线上量取前腰围尺寸，将前腰围至侧缝线之间的距离3等分，将1/3等分量作为前后侧缝的位置，绘制从腰围至臀围的侧缝线，为了适应腰部的伸张动作，将侧缝线过腰围线向上起翘0.7~1.2cm，用圆滑的弧线画顺侧缝线及腰围线。根据人体体型需要，后中心线向下低落0.5~1cm。

（4）确定省的位置及省长：将前后臀围分别3等分，以此为基准确定前后省的位置，因年轻人的臀部曲线较明显，所以前腰省分配的量小于后腰省，前腰省靠近中心线的省小于靠近侧缝的省，这是为了满足腰部的伸张和大腿部的凸出，后腰省则平均分配。前片省长在中臀围处，中臀围位于腰围线与臀围线的1/2处，后片省长是在臀围线上提高5~6 cm处，分别画出前后腰省。

（5）如图2-2-2画出后开衩。

（6）绘制裙腰。

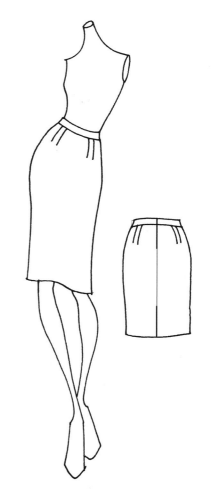

▲ 图2-2-1　紧身裙款式图

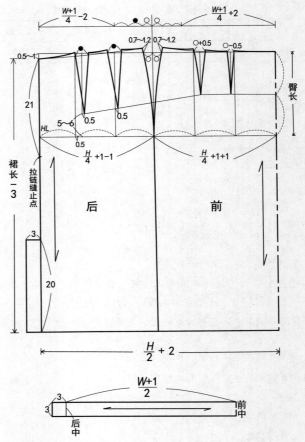

▲ 图2-2-2　紧身裙制图

二、裙子样板结构变化原理

不同造型的裙子实际上都可利用紧身裙（裙原型）变化而成，下面就通过对紧身裙样板展开的方法了解裙子结构变化原理。

具体纸样展开的方法有以下两种：

（1）拷贝裙子基础纸样，依据款式需求，加入分割线，沿分割线展开纸样。用另一张纸复制出展开后的纸样。

（2）在裙子基础纸样上先依据款式需求加上分割线，在另一张纸上设置一个基准点或一条基准线，然后定点旋转纸样，一边移动纸样一边绘制新的纸样，可以塑造不同的裙子造型，见图2-2-3。

① 合并省道展开法，依据款式造型需要，合并全部省道，省量全部转至下摆展开。

② 根据下摆展开量的大小合并部分省道。

③ 扇形展开法。

④ 上下差异展开法。

⑤ 平行展开法。

三、半紧身裙（A型裙）

1. 款式风格

裙子的整体造型像大写的字母A，中臀围处较为合体，从臀围线到裙子下摆

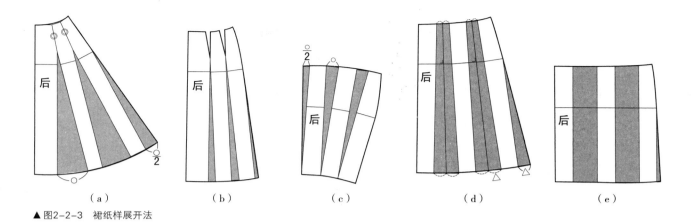

（a）　　　　（b）　　　　（c）　　　　（d）　　　　（e）

▲ 图2-2-3　裙纸样展开法

逐渐加大，适穿面很广，是一款常见的裙子款式，裙长可根据流行及个人喜好自由设计。可作为基础裙型设计变化多款裙型，见图2-2-4。

2. 面料

半紧身裙宜选用有一定厚度和挺括度的棉、毛、麻、化纤等面料。

3. 成品规格

号型：160/68A
单位：cm

部位	腰围	臀围	臀长	裙长	腰头宽
尺寸	69	98	18	45	3

4. 半紧身裙结构制图要点

见图2-2-5，半紧身裙结构制图的方法有两种：一种为直接制图；另一种可以在紧身裙的纸样上展开，这里以直接制图为例。

（1）做基础线：绘制前后基础线：纵向长=裙长−腰头宽，横向确定腰围线、臀长、臀围线、下摆线。前臀围（cm）=$H/4+2$（松量）$+1$（前后差），后臀围（cm）=$H/4+2$（松量）-1（前后差）。

（2）侧缝倾斜度的确定：从臀围线与侧缝线的交点垂直向下取10cm，横向取1.5cm与臀围线连接，上下延长至腰围线和下摆线，以此来确定裙子的造型。如果横向取的量小，则裙摆变小，横向取的量越大，裙摆越大，A字造型越明显。同时腰围线、臀围线、侧缝线的倾斜度也会随之发生变化。省量可根据款式来确定。如果前腰围省量较小时，也可将2省变1省，具体变化方法见图2-2-6。

5. 将2省合并为1省的方法

将省上口2省之间的距离2等分，再将2个省尖连接，连接后的距离也2等分，过1/2点画一条切展线，从腰口处沿切展线向下剪开至2个省尖，再将2个省分别合并后将1省打开，即可以将2省合并为1省，见图2-2-6。

▲ 图2-2-4　半紧身裙款式图

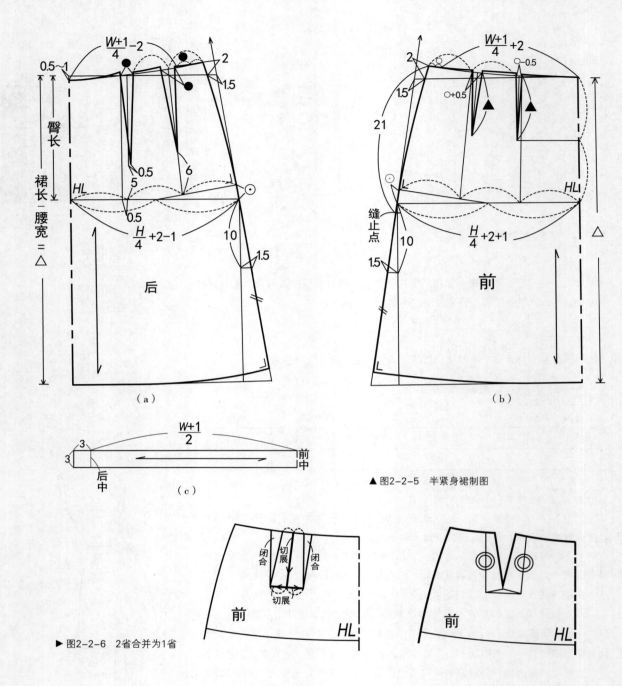

▲ 图2-2-5　半紧身裙制图

▶ 图2-2-6　2省合并为1省

四、波浪裙

1. 款式风格

是从腰围到裙摆逐渐变大的裙款，线条流畅，整体效果飘逸大方，下摆较大或很大，裙摆越大，运动起来越漂亮，运用不同的材料和裙摆大小的变化，可以设计出各种各样波浪裙的造型。

波浪裙的结构设计方法有两种，一种是原型展开法，以两片波浪裙为例；一种是利用圆周率分割方法进行制图，以整圆裙和半圆裙为例。

2. 面料

为了使波浪裙的下摆均匀自然，适合选用经纬向弹力均衡的面料。

3. 波浪裙实例一

两片波浪裙：利用裙原型制作，见图2-2-7。

（1）成品规格：号型：160/68A　　　　　　　　　　　　单位：cm

部位	腰围	臀长	裙长	腰宽
尺寸	69	18	63	3

（2）结构制图要点，见图2-2-8。

1）拷贝裙原型，将前片的2个省量修成相同大小，然后从原型各省道省尖向裙摆作垂线，分别切展各垂线。

2）以各省道省尖为基点旋转纸样，合并各省道，展开下摆。

3）为了保持平衡，在前后侧缝处各加放出1/2喇叭展开量，并与中臀围相连接。

4. 根据圆周率进行分割的方法进行制图

圆裁的裙子根据喇叭量的大小分为1/4圆、1/2圆、3/4圆、整圆。如果希望喇叭量更大，也可以全圆加上半圆或使用2个全圆来加大裙摆量。1/4圆裙、1/2圆裙、

▲ 图2-2-7　两片波浪裙款式图

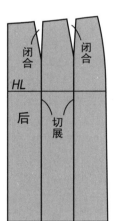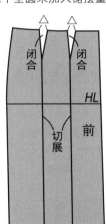

（a）

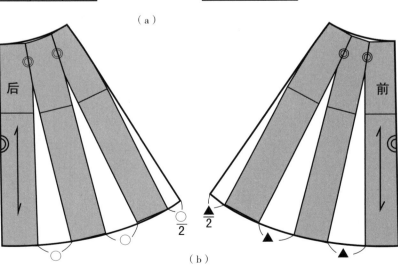

（b）

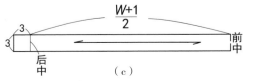

（c）

◀图2-2-8　两片波浪裙结构制图

3/4圆裙、整圆裙都属于圆摆裙，都可以用圆周率分割方法来制图，利用圆周率，根据腰围尺寸算出圆的半径，并绘制圆。具体计算如下：

（1）整圆裙的内圆半径为：（腰围+松量）／2π；

（2）3/4圆裙的内圆半径为：（腰围+松量）／1.5π；

（3）1/2圆裙的内圆半径为：（腰围+松量）／π；

（4）1/4圆裙的内圆半径为：（腰围+松量）／0.5π。

在对圆摆裙制图时，根据面料幅宽设置裙片的纱向。裙子左右两侧往往处在不同的斜丝位置上，由于重心的作用，布料是沿纱线方向垂坠的，这样就造成裙子的下摆左右两侧的波浪会产生不同的效果，为了达到下摆两侧波浪的平衡，实际制图中需要依据面料特点对下摆弧线进行修正。

（1）整圆裙款式图，见图2-2-9。

1）成品规格：号型：160/68A　　　　　　　　　　　　　　　单位：cm

部位	腰围	臀长	裙长	腰宽
尺寸	69	18	73	3

2）整圆裙结构制图要点，见图2-2-10。

① 利用圆周率根据腰围尺寸计算出圆的半径，以（腰围+1）/2π为半径，绘制1/4圆。

② 确定裙长，以（腰围+1）/2π+裙长为半径，绘制1/4圆。

③ 后腰中心下落0.5~1cm，绘制前后腰围线，前后侧缝线，侧缝线追加0.7cm，补足侧缝长的不足。

④ 由于裙摆会因斜裁而伸长，所以需根据面料伸缩量来修正裙摆，去掉因斜裁而伸长的量，面料的悬垂性越好，去掉的量越多。

（2）半圆摆裙，见图2-2-11。

1）成品规格：号型：160/68A　　　　　　　　　　　　　　　单位：cm

部位	腰围	臀长	裙长	腰宽
尺寸	69	18	63	3

▲ 图2-2-9　整圆裙款式图

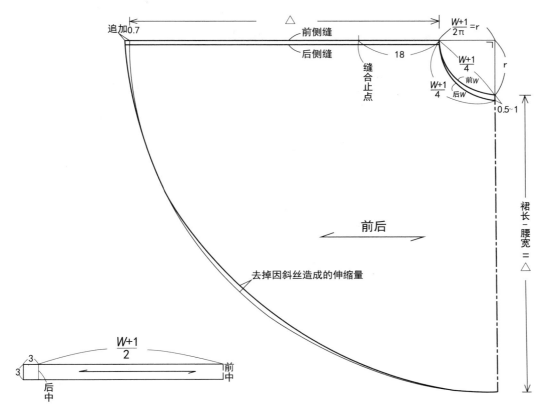

▲ 图2-2-10 整圆裙结构制图

▲ 图2-2-11 半圆摆裙款式图

2）半圆摆裙结构制图要点，见图2-2-12。

① 利用圆周率，根据腰围尺寸计算出圆的半径，以（腰围+1）/π为半径（cm），绘制1/4圆，然后2等分。

② 确定裙长，以（腰围+1）/π+裙长为半径（cm），绘制下摆弧线。

③ 绘制前后腰围线。

④ 标注纱向。

将裙原型（紧身裙）、半紧身裙（A字裙）及波浪裙等裙子的基本结构，通过分割、高腰、垂褶、抽褶、褶裥等结构形式的变化，可设计出各类变化型裙装结构。

五、箱式对褶裙

1. 款式风格

箱式对褶裙是在半紧身裙的省道位置加入箱式褶裥这种造型手法，使裙子更富有层次感，同时在破缝线位置缉上明线，使裙子具有轻便的运动风格，见图2-2-13。

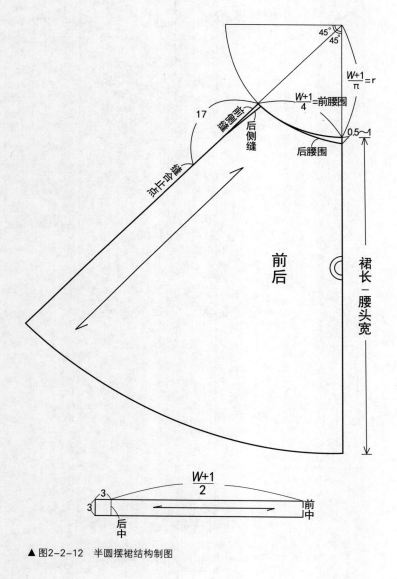

▲ 图2-2-12　半圆摆裙结构制图　　　　　　　　　　▲ 图2-2-13　箱式对褶裙款式图

2．面料

箱式对褶裙宜选用有一定厚度和挺括度的棉、毛、麻、化纤等面料。

3．成品规格

号型：160/68A　　　　　　　　　　　　　　　　　　　单位：cm

部位	腰围	臀围	臀长	裙长	腰头宽
尺寸	69	98	18	48	3

4．箱式对褶裙结构制图

见图2-2-14。在半紧身裙结构基础上制图，先将半紧身裙前后腰省分别由2省变为1省，具体变化方法同半紧身裙。省道自然消失在臀围线以上，同时要保障中臀围附近的松量，在破缝线上加入14cm褶裥量。

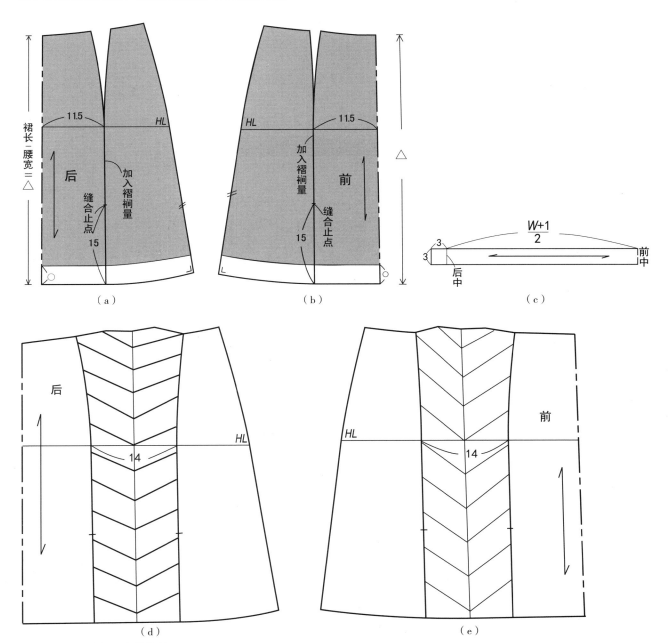

▲ 图2-2-14　箱式对褶裙结构制图

▲ 图2-2-15　育克褶裥裙款式图

纸样的展开：沿破缝线将前后纸样剪开，加入褶裥量。

注：在褶裥折叠的状态下修正画顺纸样。

六、育克褶裥裙

1. 款式风格

育克褶裥裙是在半紧身裙的基础上变化而成，腰部设有育克，育克下设有褶裥，褶裥倒向前中心，臀围线以上的褶裥从裙里面缉合固定，臀围线以下褶裥打开为活褶，见图2-2-15。

2. 面料

育克褶裥裙宜选用容易定型的细薄面料，如含涤的混纺凡立丁、华达呢、罗尔呢等面料。

3. 成品规格

号型：160/68A　　　　　　　　　　　　　　　　单位：cm

部位	腰围	臀围	臀长	裙长
尺寸	69	98	18	55

4. 育克褶裥裙结构制图

见图2-2-16。在半紧身裙结构基础上制图，先将半紧身裙前后腰省分别由2省变为1省，具体变化方法同半紧身裙。

（1）在半紧身裙基础纸样上确定腰部育克造型的切割线。

（2）在半紧身裙基础纸样上确定褶裥位置，画出要加入褶量的造型线。

（3）将腰部育克的省量合并，形成完整育克。

（4）将分割后剩余的小省平移至靠近侧缝的褶裥上。

（5）在褶裥部位加入褶量，褶量可依据设计需要来进行设定，此款设定每个褶裥为6 cm。

七、裙裤

1. 款式风格

裙裤是外观看似是裙子造型的裤子款式，是裙装结构向裤装结构演变的最初结构模式，从结构上看，主要是裆部的变化，裙裤裆宽大于其他裤子，便于活动，兼具裙和裤两种特点，结构变化可借鉴裙装结构设计原理与方法进行，根据裙片进行展开。裙裤的款式有多种变化，下摆设计如同裙摆，可有大小摆、分割、褶裥等变化，见图2-2-17。

2. 面料

裙裤根据季节不同可选用质地较紧密的、具有悬垂感的棉麻、化纤、薄羊毛等面料。

3. 成品规格

号型：160/68A　　　　　　　　　　　　　　　　单位：cm

部位	腰围	臀围	臀长	立裆长	裙裤长	腰宽
尺寸	69	98	18	27	63	3

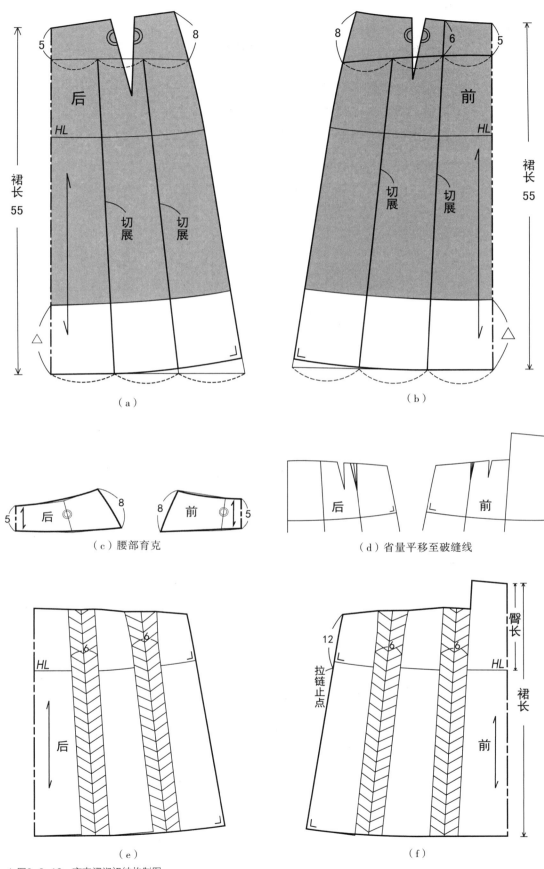

（a）

（b）

（c）腰部育克

（d）省量平移至破缝线

（e）

（f）

▲ 图2-2-16　育克褶裥裙结构制图

4. 裙裤结构制图

见图2-2-18。裙裤的结构制图可以采用直接制图法，也可以采用原型裙片展开法，根据裙片进行展开，既可以选择紧身裙也可选择半紧身裙，采用裙片展开的方法制作裙裤，不但方便快捷而且效果好，这里以半紧身裙的纸样展开为例，说明裙裤的结构设计原理及方法。

（1）拷贝半紧身裙的纸样，确定裙裤长，（立裆长+2）cm（松量），确定新立裆长，以变化后的立裆线为基线，后中心线上沿立裆线加出1.5cm，此点与臀长点连接并延长至下摆线，前中心线上沿立裆线加出1cm，此点与臀长点连接并延长至下摆线。

（2）延长中心线及侧缝线，确定前后裆宽。

（3）画出腰围线，后裆线加长1~1.5cm作为活动松量，画顺侧缝和前后裆缝。定出前插袋位置。

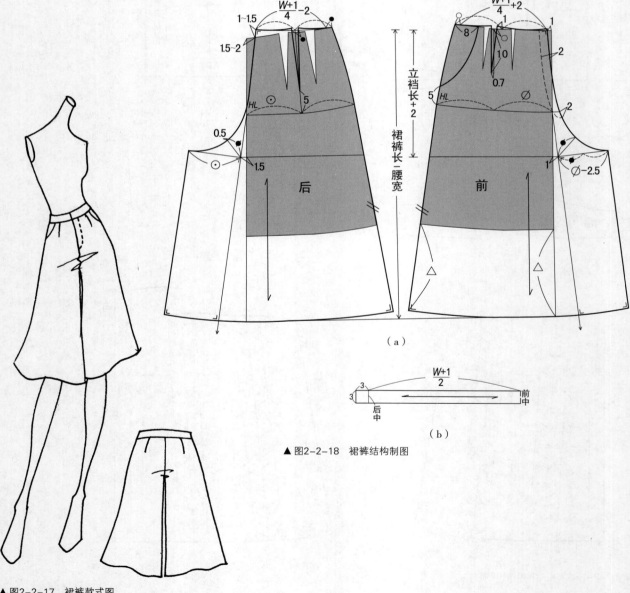

▲ 图2-2-18　裙裤结构制图

▲ 图2-2-17　裙裤款式图

第三节 裤子概述

　　裤子是包裹人体腹臀部、腿部的下体服装。由于其良好的功能性，且便于运动，最初是作为男性的主要服装而存在的。女性裤装的出现则要晚得多，是从19世纪末开始。随着女性骑车运动的风靡，半长裤也开始流行；进入20世纪后，女性的地位逐渐提高，越来越多的女性走入社会，参与工作。裤子面料的舒适性、功能性也大为加强，裤装也逐渐成为女性主要的穿着服装之一。

裤子的分类

　　裤子的名称很多，其结构可根据臀围的放松量、腿部的外形轮廓以及长短的变化来分类。

1. 按臀围的加放松量来进行分类

　　（1）紧身裤：紧身裤的整体松量较少，紧包住腹臀部，强调腿部曲线，适合采用弹性好、伸缩性大的面料。紧身裤一般采用0~5cm的松量，若面料为非弹性面料时，需要考虑日常动作时产生的基本松量；若采用弹性面料则根据面料弹性适当减小松量。

　　（2）半宽松裤：半宽松裤的松量加放量为6~10cm，合体性与紧身裤相比要差一些，但却较为舒适。半宽松裤不贴合人体，也不怎么强调腿部曲线，适合采用毛、棉、麻、化纤非弹性面料，需要有面料的挺括感。

　　（3）宽松裤：宽松裤的松量为10cm以上。可以从中臀围开始，往裤腿处均较为肥大，整体给人以宽松的感觉；也可以加强臀腹部，并相应收紧裤口且提高裤摆位置，在外形上形成上大下小的锥形裤，在结构上往往采用腰部打褶、收省及高腰系带等处理方法。

2. 按裤脚口尺寸大小进行分类

　　（1）瘦腿裤：整个裤身包覆人体腿部。

　　（2）直筒裤：整个裤型呈笔直造型的裤子，它的结构制图就是裤子的基本纸样。根据裤口大小、细节变化产生各种各样的款式。

　　（3）喇叭裤：一般从腰围至臀围都比较合体，从腿部开始逐渐增加松量至裤口，使裤型整体呈喇叭状。

　　（4）灯笼裤：裤身肥大，脚口收紧，整个裤身呈灯笼状。

　　（5）裙裤：裤脚口很大，看上去像裙子。

3. 按裤子长度进行分类

　　裤装按长度分，从短到长依次有超短裤（热裤）、短裤、中裤（包括五分裤、七分裤、九分裤）、长裤。

第四节　裤子结构设计

一、原型裤（直筒裤）

1. 款式风格

原型裤的纸样结构是裤子的基本纸样，是一种中性的造型。从外观看，臀部较为合体，而整个裤腿呈直筒型，比较美观，能够掩饰体型的不足，是适穿面很广的一种裤型。在原型裤基础上进行切展等结构变化，可以变化多种裤型，能够使腿部显得较为笔挺修长，见图2-4-1。

2. 面料

原型裤宜选用轻薄柔软或质地结实的棉、毛、麻、化纤等面料。

3. 成品规格

号型：160/68A　　　　　　　　　　　　　　　　　　　单位：cm

部位	腰围	臀围	立裆长	裤长	裤口	腰头宽
尺寸	70	94	27	98	20	3

4. 结构制图要点，见图2-4-2

（1）前片。

① 先做前裤片的基础线，画一条水平线作为腰口线，从腰口线的一端向下作垂线，长度为立裆长，以此为基点作出横裆线，定出臀围线，长度为$H/4+1cm$。经过臀围线做垂线交于腰口线、横裆线。

② 将臀围线的长度4等分，将1份等分量减去1.5~2cm作为标准值，在横裆线上截取前裆宽，这个量要根据人体的厚度进行适当增减。

③ 画裤中线：将横裆2等分，在2等分点画出裤中线，在此线上截取裤长长度并画出裤口线。

④ 画出中裆线：将从臀围线至裤口线的长度2等分，在等分点处做出中裆线。

⑤ 画前裆弧线辅助线：将臀围线与横裆线如图2-4-2所示相连，做出该线的垂线，将此垂线3等分。

⑥ 确定裤口宽，画侧缝线和下裆线。

⑦ 画前裆弧线：过前裆辅助线的1/3等分点处画出前裆弧线，并连接至前中心腰围线向侧缝平移1cm处，画顺弧线。

⑧ 画腰围线和腰省：在侧缝线位置臀围线向内进1cm，为了适应腰部的体型，向上起翘0.8cm，然后画顺侧缝线、腰围线。量取腰围大，余量作为省的大小，省的位置是将裤中线与侧缝线之间腰线2等分。

⑨ 画侧缝袋位置。

（2）后片。

① 以前片基础线为基准，画出后片基础线，将前裆宽加出4 cm并垂直下落，定出后裆宽度。

② 画后裆斜线：将裤中线与后裆中心线之间的距离2等分，从等分点向侧缝处平移1cm，同时将后裆中心线与横裆线的交点也向侧缝平移1cm，将此两点连接并在腰围线上起翘2~2.5cm，后裆斜线的倾斜度，是由臀部的丰满度决定的，臀部越丰满倾斜度越大，反之越小。弧线画顺后裆线和下裆线。前后片绘制完成

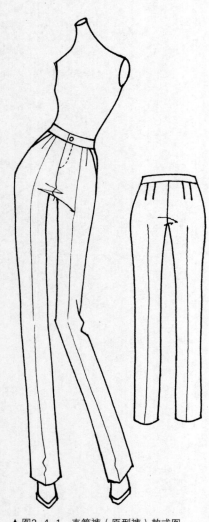

▲ 图2-4-1　直筒裤（原型裤）款式图

后将前后裆弧线拼合确认弧线的圆顺度，见图2-4-3。

③ 画出后臀围线，长度为H/4+1cm。

④ 画后腰围线、后腰省和侧缝线：从后臀围线向上做垂线，交于腰围线的延长线，从此交点处向内平移1cm，并起翘0.8 cm，画出新腰围线，然后画出侧缝线。在新后腰围线上量取后腰围尺寸，余量作为省量，然后将腰围线3等分，如图2-4-2所示画出省道。

⑤ 根据前后腰围量，画腰头。

⑥ 标注好纱向及裤片名称。

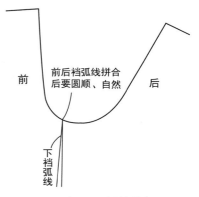

▲ 图2-4-3　前后裆弧线拼合检查

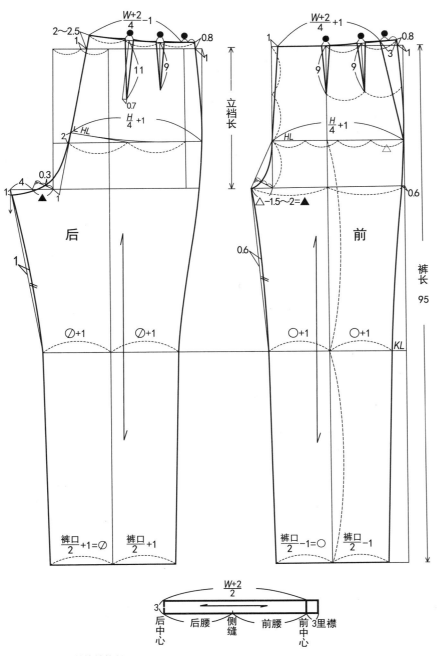

▲ 图2-4-2　直筒裤结构制图

二、喇叭裤

1. 款式风格

为春夏女时装裤，臀部松量适中，从中臀围线附近向裤口逐渐变得肥大，宽松，舒适性强，可作为正装或家居服穿着，体现女性优雅的气质，款式图见图2-4-4。

2. 面料

宜选用柔软、悬垂感强的乔其纱等面料，也可采用棉麻、薄羊毛及弹性面料。

3. 成品规格

号型：160/68A

单位：cm

部位	腰围	臀围	立裆长	腰头宽	裤长	裤口宽
尺寸	70	96	27	3	98	44

4. 喇叭裤结构制图要点，见图2-4-5

喇叭裤制图是在原型裤的纸样上展开。

（1）拷贝原型裤前后片，以前片臀围线与侧缝线的交点向下做垂线至裤口线，在裤口处向外加入3cm，将该点与臀围线和侧缝线的交点连接并延长至腰围线。

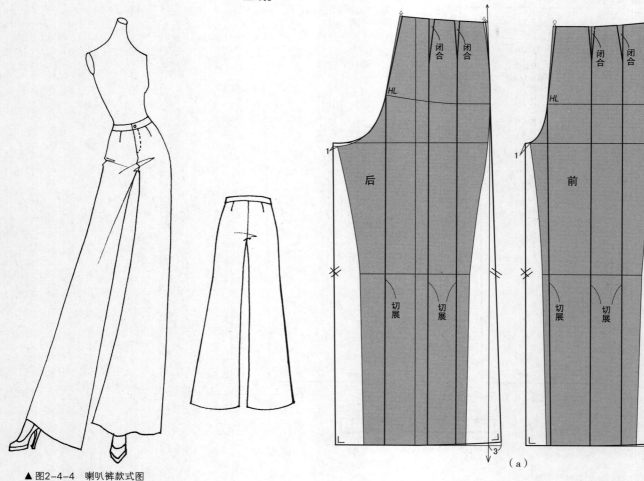

▲ 图2-4-4　喇叭裤款式图

（a）

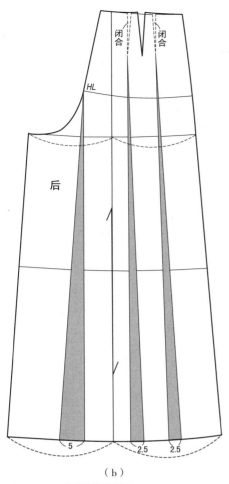
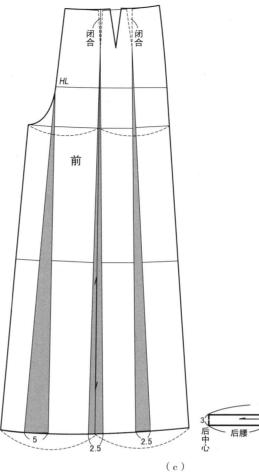
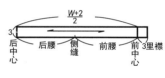

（b）　（c）

▲ 图2-4-5　喇叭裤结构制图

（2）在腰围线将原型裤纸样与该线之间距离2等分，如图2-4-5画顺侧缝线，在前中心处去掉在侧缝处加放的量。

（3）后片绘制方法同前片。

（4）为了使下裆整体都形成宽松的造型，在前片横裆线处向外加出1cm作为松量，并以该点向下做垂线至裤口线，后片绘制方法同前片。

（5）画顺前后片裤口线。

（6）画喇叭量切展线：以前片两个省尖点及臀围线与前中心线的交点分别向下做垂线，画出喇叭量的切展线，后片画法同前片。

（7）分别沿切展线剪开，依据款式需要，适当合并腰省的量，裤口展开一定的量。

（8）确定纱向线：将前后横裆宽与裤口宽分别2等分，将等分点连接即为纱向线。

（9）因为省闭合后省量减小，所以可分别将前后两个腰省合并为一个省，制图方法见图2-4-6。

（10）绘制腰头。

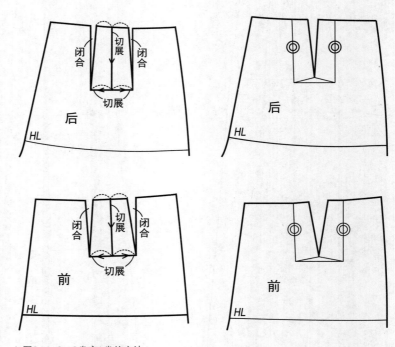

▲图2-4-6　2省变1省的方法

三、女西裤

1. 款式风格

这是比较经典的西裤款式，松量较多，较为宽松，舒适性强，见图2-4-7。

2. 面料

因为制作时需用到归拔工艺，所以面料多选用便于归拔的毛纺织面料。

3. 成品规格

号型：160/68A

单位：cm

部位	腰围	臀围	立裆长	腰头宽	裤长	裤口
尺寸	70	100	27	3	98	22

4. 结构制图要点

制图步骤同原型裤，见图2-4-8。

（1）腰部加入缩缝量，在缝制时腰口要缩缝。

（2）因为人体的腿部运动是趋前的，所以西裤的中裆线尺寸略大些，取前裤口尺寸为（裤口/2-1）cm，平均分在前裤中缝两侧，连接横裆线点，交于中裆线，然后从此交点向中缝方向取0.7 cm，得到一半前中裆尺寸○，再以中缝为基准对称量取相同长度，绘制前侧缝、前下裆弧线；后裤口尺寸为裤口/2+1cm，后中裆尺寸是以○+1.5cm分在中缝两边，绘制后侧缝、后下裆弧线。

（3）裤口的大小可根据喜好或款式要求进行变化。

（4）因为要系腰带，因此可将腰围档差设置为4.5cm，西裤成批生产时，还可以在腰部两侧装松紧带或伸缩扣，以提高体型覆盖面。

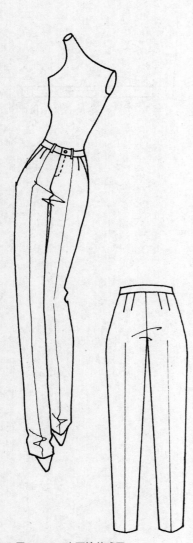

▲图2-4-7　女西裤款式图

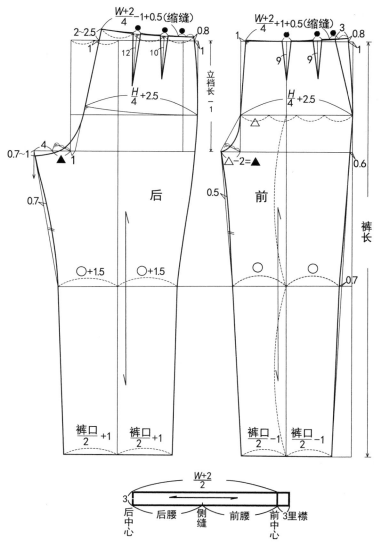

▲ 图2-4-8　女西裤结构制图

四、紧身裤

1. 款式风格

合体的裤子款式，裤口、膝围的松量较小，裤筒由上到下逐渐变细，能较大程度地表现女性的曲线美感，见图2-4-9。

2. 面料

为了在合体的同时能保证舒适性，紧身裤多采用弹性面料，这样才能最大限度地形成贴体造型，如果采用无弹性及精纺面料时，松量需适当增加。本示例采用无弹面料，若采用弹性面料，松量应适当减小。

3. 成品规格

号型：160/68A　　　　　　　　　　　　　　　　　单位：cm

部位	腰围	臀围	立裆长	裤长	腰头宽
尺寸	69	94	26.5	97.5	4

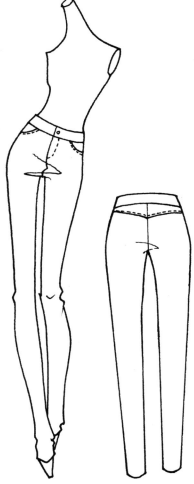

▲ 图2-4-9　紧身裤款式图

4. 紧身裤结构制图要点

制图步骤同原型裤，见图2-4-10。

（1）腰部加入缩缝量，缝制时腰口要缩缝。

（2）此款为中腰效果，在正常腰围基础上，从正常前腰围线平行向下4cm为中腰腰围线；从正常后腰围线沿侧缝处向下4cm，后中心线处向下2.5cm重新画顺后中腰腰围线，确定好中腰位置，腰头设计为4cm。

（3）后片加分割线设计是为了处理掉省量。

（4）前中心线处的腰口的特殊处理：上腰口线先向上0.5cm再向内0.2cm，下腰口向上0.5cm，将前腰围线重新画顺，这样的处理是为了防止此处腰头下落，使前裆处略微紧一点，穿着后腰部会更加贴体舒适。

（5）合并前后腰省，重新画顺前后腰头。

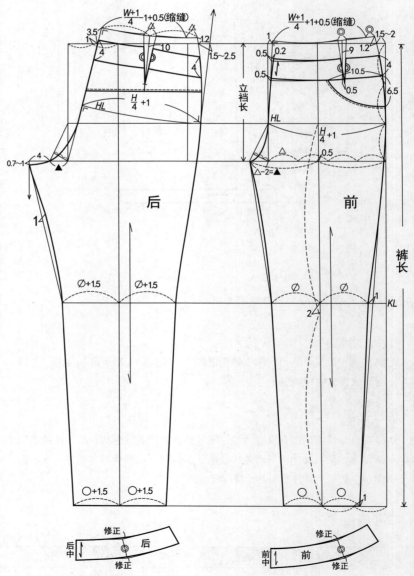

▲ 图2-4-10　紧身裤结构制图

五、低腰牛仔裤

1. 款式风格

低腰，臀部合体，前裤片无省，前插袋为月牙形，后裤片无省，有分割线，裤腿为小喇叭型，腰头为弧形，见图2-4-11。

2. 面料

紧身牛仔裤多采用弹力牛仔面料。本示例使用弹力牛仔面料，臀围加放量依据弹力大小加以变化。

3. 成品规格

号型：160/68A

单位：cm

部位	腰围	臀围	立裆长	裤长	腰头宽
尺寸	76	92	26.5	99	4

4. 结构制图要点，见图2-4-12、图2-4-13

（1）低腰裤的裤腰结构为弯腰呈弧形，纱向采用纬纱向，裤腰上沿最好加入经纱纤条，起固定作用，以免腰口伸长，而裤腰下沿则可稍微伸长，以满足腰臀部的舒适性。

（2）因为是低腰裤，所以立裆尺寸要减短，为（立裆长-5）cm；后裆斜线的倾斜度也有所减少。

（3）松量的分配：由于弹性面料能较好地解决大腿的丰满度，而且因为松量少，腰臀部比较紧身，所需横裆量较少，所以腰臀围均应前小后大，前片采用$H/4$，后片采用$H/4+1$cm。

▲ 图2-4-11 低腰牛仔裤款式图

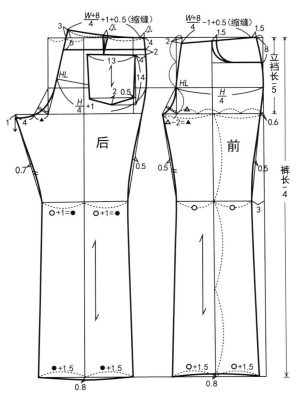

▲ 图2-4-12 低腰牛仔裤结构制图

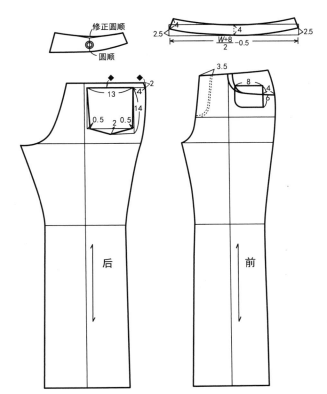

▲ 图2-4-13 低腰牛仔裤修正完成

（4）同紧身裤一样，后裆弧线的凹势减小（相交于第1等分点），可以产生提臀的效果。而且中裆线要上提一些，如图2-4-12所示，为横裆至裤口长度3等分点，能拉长腿部，显得腿形更加优美。

（5）此款牛仔裤前后片均没有省道，在制图中前片的省量利用侧口袋收起；后片的省量则转入后翘中，但由于省线超过了后翘的宽度，所以有小部分省量没有转掉，此部分省量可以如图2-4-13所示，从侧缝处去掉。

（6）因为是喇叭裤口，所以前片裤口做上凹曲线，后片裤口做下凸曲线。

（7）在前中裆线上从与前侧缝垂线的交点处往里进3cm，得到前中裆尺寸○，后中裆尺寸则为○+1=●，如图2-4-12所示，得到前裤口尺寸为○+1.5cm，后裤口尺寸为●+1.5cm，然后绘制出前后侧缝线、前后下裆弧线。

六、超短裤

1. 款式风格

本款为紧身超短热裤（也称迷你短裤），臀部合体，前裤片无省无裥，后裤片无省但有斜向分割线，为裤长较短的短裤，适合年轻女性穿着，彰显青春活力。款式结构如同紧身裤，只是裤长缩短至大腿根部，是受女性青睐的时装裤，见图2-4-14。

2. 面料

宜采用中厚型面料，如棉、牛仔布、皮革等。

3. 成品规格

号型：160/68A

单位：cm

部位	腰围	臀围	立裆长	裤长	裤口	腰头宽
尺寸	78	90	22.5	27	27	4

4. 结构制图要点，见图2-4-15

（1）结构处理近似紧身裤，因为是短裤，裤口宽=（大腿围+4~6）/2=（48+4~6）/2=26~27（cm）。

（2）女式时装短裤结构设计时，后横裆线比前横裆线下落1.5~3cm，这是为了使后裤口达到吸腿效果，前后脚口分配差量适当加大，具体以保证前后侧缝脚口处纱向相同为佳。

（3）确定前后腰下落量，在前后裤片上分别截取4cm宽腰头，关闭腰头上的省道。

（4）根据效果图确定后裤片分割线位置，关闭分割片上的省道，即为后裤片育克。

（5）定出裤贴袋及前插袋，将剩下的前腰省量藏入插袋分割线中或将此量作为腰头缩缝量处理。

七、垂褶裤

1. 款式风格

垂褶裤是近几年较为流行的时尚裤型，款式特点是穿着休闲随意，臀部宽松肥大，前后腰部设有3个褶裥，由前后腰褶延至侧身形成垂褶，由臀部向裤口逐渐收小变窄，裤后中开口装隐形拉链。在此基础上通过改变裤长及垂褶的大小或者加入

▲ 图2-4-14　超短裤款式图

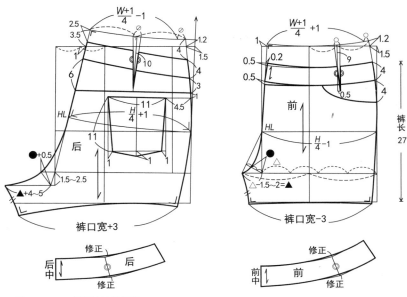

▲ 图2-4-15 超短裤结构制图

一些设计元素，可灵活进行款式的设计。是受女性青睐的时装裤型，见图2-4-16。

2. 面料

宜采用悬垂感较强的面料，如棉、麻、针织、化纤等面料。

3. 成品规格

号型：160/68A   单位：cm

部位	腰围	臀围	立裆长	裤长	裤口	腰头宽
尺寸	76	102	27	97.5	16	3.5

4. 垂褶裤结构制图要点，见图2-4-17

使用原型的制图方法进行基础制图。

（1）由于垂褶裤裤型宽松肥大，所以臀围松量设定为12 cm，考虑到人体下肢前倾运动，所以前臀围尺寸设定为（H/4+4）cm，后臀围尺寸设定为（H/4+2）cm。

（2）前后腰各设3个省。

（3）此款立裆长为27 cm，裆底有一定的空隙活动量，所以后片无需落裆量。

（4）由于是宽松款式，前后裆宽取值稍大，如图2-4-17所示。由于裤口较窄，所以前后裤口差为2~3cm。

（5）设计切展线：在前后裤片分别沿腰省设计弧型分割线至侧缝，如图2-4-17所示。

（6）将前后裤片的样板进行处理，如图2-4-18、图2-4-19所示。

5. 前后裤片的样板处理

（1）从前后裤片的侧缝处开始沿着弧型分割线分别剪开并拉展所需的量10cm，如图2-4-18所示。

（2）将拉展后的前后裤片的侧边拼接，形成前后相连的裤片，设定纱向线，如图2-4-19所示。

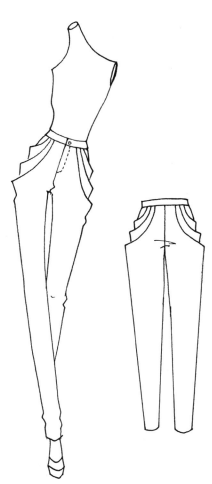

▲ 图2-4-16 垂褶裤款式图

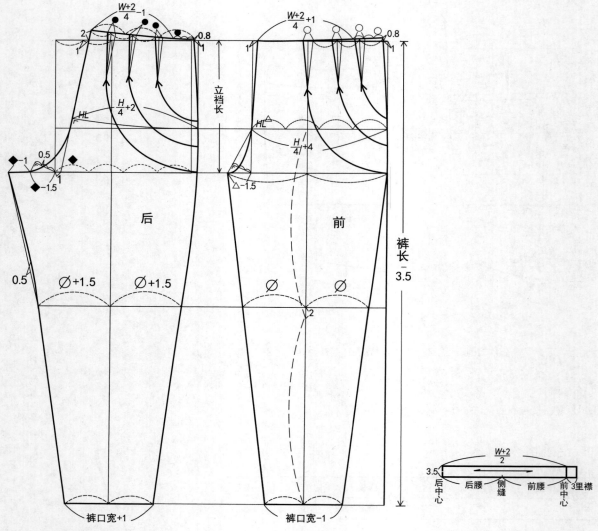

▲ 图 2-4-17 垂褶裤结构图

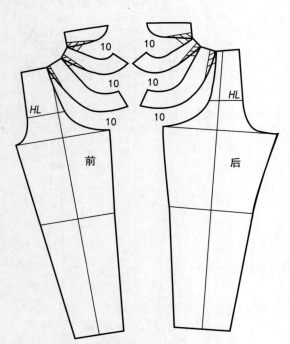

▲ 图2-4-18 前后裤片切展图

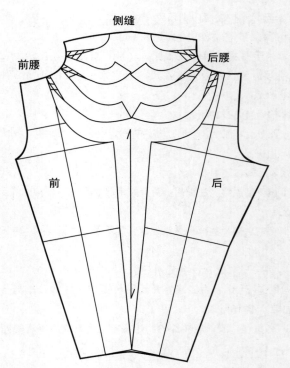

▲ 图 2-4-19 前后裤片样板

第三章

女上装的结构设计

▋第一节　女装原型概述

　　原型是指用二维的平面表现符合人体三维立体状态的贴体型纸样，是服装造型中所使用的基本型。原型法是许多国家通用的服装平面结构设计方法，它是以各国原型为模板，依据服装造型、款式设计要求，结合人体的参考尺寸，进行推敲分析，从而使样板更符合人体的立体状态。由于人体是由复杂的曲面和几何形体构成，而且由于人种不同，以及地域文化的差异，造成各个国家之间的人体差别很大，因此，许多国家都用国家标准对本国人民进行了人体覆盖，采用适合自己国家的原型。

　　日本新文化原型是日本服装学院在对大量女体计测的基础上，于2000年推出的符合当代日本年轻女性体型特征的新原型。与旧文化原型相比更科学、更符合现代人体型特征。

　　中国与日本同属亚洲地区，文化接近，体型也较为接近，以前的旧文化原型在我国的传播及应用也较为普遍。本书使用新文化原型旨在使服装院校学生、服装专业人士理解新文化原型，并能结合实际灵活应用新文化原型。

原型的种类

　　根据划分原型的出发点不同，可以将原型分为几类。

1．按国家及不同人种进行分类

　　目前使用的比较广泛的原型为"英式原型""美式原型""日本文化式原型"，在我国应用较多的主要是日本的文化式原型。

2．按服装部位的不同进行分类

　　要把立体的人体用衣服完全覆盖，就需要有不同部位的服装，相对应的也就需要不同部位的纸样，因此，根据服装部位的不同，把原型分为：

　　（1）衣身原型：即上半身原型，通过转移胸省、收取腰省来达到合体的效果，也可以和其他原型一起组成新的外型，例如与下半身原型一起组成连衣式外型（连衣裙、连衣裤）。

　　（2）下半身原型：分为裙原型和裤原型，裙原型是以直筒裙作为基础绘制，裤原型一般是以经典西裤为基础绘制。

　　（3）袖原型：覆盖上部肢体所用的原型为袖原型。

3．按宽松度的不同进行分类

　　根据合体度的不同，原型可分为紧身型原型、合体型原型、宽松型原型。日本新文化原型为合体型原型。

▌第二节 衣身原型结构制图

一、制图规格

衣身原型制图规格　　　　　　　单位：cm

号型	尺寸	胸围（B）	背长
160/84A	净体尺寸	84	38
	成品尺寸	96	38

二、衣身原型的制图方法

1. 绘制基础框架，见图3-2-1

（1）从Ⓐ点往下做后中心线，长度尺寸为背长，并通过端点作水平线为WL。

（2）在WL线上截取尺寸B/2＋6cm作为1/2胸围。

（3）从后中心线Ⓐ点往下量取B/12+13.7cm，作为BL线的位置。

（4）通过WL线另一边的端点做出前中心线，并在BL线的位置上画出水平线。

（5）从后中心线起在BL线上截取背宽尺寸B/8＋7.4cm确定Ⓒ点。

（6）从Ⓒ点起向上做垂线，此垂线为背宽线。

（7）从Ⓐ点起做水平线相交于背宽线。

（8）从Ⓐ点起往下截取8cm另画水平线和背宽线相交于Ⓓ点，并将后中心线到Ⓓ点之间分成2等分，从2等分点处往右1cm作为Ⓔ点，此点为肩省省尖。

（9）从前中心线与BL线的交点往上截取尺寸B/5+8.3cm作为Ⓑ点。

（10）通过Ⓑ点画水平线。

（11）从前中心线开始沿BL线取尺寸B/8＋6.2cm作为胸宽，将胸宽2等分，并从2等分点处往侧缝方向移动0.7cm作为BP点。

（12）通过胸宽点做垂线（胸宽线）交于⑩水平线。

（13）在BL线上，沿胸宽线向侧缝方向量取尺寸B/32作为Ⓕ点，从Ⓕ点向上做垂线，把Ⓒ和Ⓓ之间2等分，从2等分点往下0.5cm做水平线与垂线交于Ⓖ点，将这个水平线作为Ⓖ线。

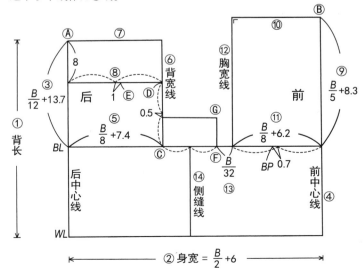

▲ 图3-2-1 衣身原型基础框架制图

（14）把ⓒ和Ⓕ之间2等分，过等分点做垂线作为侧缝线。

2. 绘制衣身原型轮廓线，见图3-2-2

（1）绘制前领口弧线　从Ⓑ点起沿水平线量取B/24+3.4cm =◎（前领宽），得到SNP点，再从Ⓑ点起沿前中心线向下量取◎+0.5cm（前领深），画长方形领口。做长方形对角线，并将之3等分，1/3等分点向下0.5cm作为参考点，画顺前领口弧线。

（2）绘制前肩线　以SNP点为基准点、水平线为基准线，量取22°作为前肩斜度做前肩斜线，与前胸宽线相交后顺延1.8cm，形成前肩线●。

（3）绘制前袖窿底弧线　将Ⓕ点和侧缝之间3等分，取1等分为▲，从Ⓕ点作对角线，在对角线上取▲+0.5cm作为画前袖窿弧线的参照点，经过袖窿深点、袖窿弧线参照点和ⓒ点画顺前袖窿底弧线。

（4）绘制胸省和前袖窿弧线上部分线　将ⓖ点和BP点连接，以此线为基准向上量取（B/4-2.5）°的夹角作为胸省量，省的两侧长度相等。通过肩点和胸省端点并与胸宽线相切，画顺上部分袖窿弧线，画弧线时需要注意，当胸省合并时，袖窿弧线要保持圆顺。

（5）绘制后领口弧线　从Ⓐ点沿水平线方向取◎+0.2cm为后领宽，将后领宽3等分，取1等分作为后领深的垂直线长度，确定SNP点，画顺后领口弧线。

（6）绘制后肩线　以SNP点为基点做水平线，以倾斜角度18°画后肩斜线，在此斜线上按前肩宽的尺寸加入后肩省的量B/32-0.8cm，得到后肩宽尺寸（即●+后肩省）。

（7）绘制后肩省　从Ⓔ点向上做垂直线与后肩线相交，由此交点向肩点方向取1.5cm作为后肩省的起始点，以B/32-0.8cm作为省道大小，连接Ⓔ点绘制省道。

（8）绘制后袖窿弧线　从ⓒ点作对角线，在对角线上取▲+0.8cm作为画后袖窿弧线的参照点，从后肩点起画弧线相切于背宽线，然后通过参照点画顺后袖窿弧线。

（9）绘制腰省：

① 省道a：BP点下2~3cm作为省尖点，并向下做垂直线作为省道的中心线。

② 省道b：从Ⓕ点起往前中心方向取1.5cm做垂直线，并与胸省线相交，此交点为省尖点，垂直线则为省道的中心线。

③ 省道c：把侧缝线作为省道的中心线。

④ 省道d：在ⓒ线上，从背宽线向后中心方向平移1cm作为省尖点，并由该

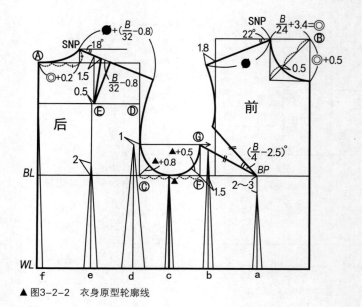

▲ 图3-2-2　衣身原型轮廓线

点向下做垂直线作为省道的中心线。

⑤ 省道e：从ⓒ点向后中心方向平移0.5cm作为省尖点，然后由该点向下做垂直线作为省道的中心线。

⑥ 省道f：把后中心线作为省道的中心线。

这些省的省量是以总省量为基准，并参照各省量的分配率来计算的，见表3-2-1。计算好省量后以各省道的中心线为基准，在WL线上把省量等分在中心线两侧。

表3-2-1　　　　衣身原型系列号各腰省分配表　　　　单位：cm

总省量	f	e	d	c	b	a
100%	7%	18%	35%	11%	15%	14%
9	0.63	1.62	3.15	0.99	1.35	1.26
10	0.7	1.8	3.5	1.1	1.5	1.4
11	0.77	1.98	3.85	1.21	1.65	1.54
12	0.84	2.16	4.2	1.32	1.8	1.68
12.5	0.875	2.25	4.375	1.375	1.875	1.75
13	0.91	2.34	4.55	1.43	1.95	1.82
14	0.98	2.52	4.9	1.54	2.1	1.96
15	1.05	2.7	5.25	1.65	2.25	2.1
16	1.12	2.88	5.6	1.76	2.4	2.24

第三节　女装衣身各部位省道设计与应用

由于人体上凹凸不平的曲面较多，特别是女性体型曲面更为明显，一件衣服要做的既合体又立体，通过收取省道来完成是最常用的手段。在平面制图中通常用收省来突出胸部造型，塑造立体形态。

在服装设计中，为了创造不同形式的美感设计，需要营造各种款式线的变化。根据款式线的不同，原型的省道通过改变原有的位置（即转省），或通过抽褶、褶裥、断缝等手段来塑造新的立体形态。

在女装结构设计中，解决胸围线以上部位浮余量的省道称为胸省，解决胸围线以下腰围线以上部位浮余量的省道，起吸腰及塑胸作用的省道称为腰省。新文化原型以袖胸省作为基本胸省，同时包含若干腰省。

一、省道的命名

按省道的形状来命名，服装上有锥形省、钉形省、弧形省、橄榄省等。按省道所处的部位来命名有：领省、袖胸省、前中省、肩省、侧胸省（腋下省）、腰省等，如图 3-3-1所示。

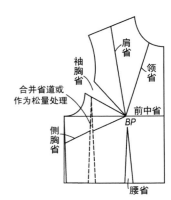

▲ 图3-3-1　省道名称

二、省道的处理方法——转移和消除

1. 省道转移

（1）省道转移的原理　在前片原型中，胸省和胸下腰省都是指向BP点的，胸省可围绕BP点作360°旋转，省道转移前后角度不变。省道转移会产生不同的省线，相应的也会产生不同的款式线，而且只要省尖指向BP点，就不会改变胸部的立体造型。

（2）省道转移的方法　① 旋转法：指在不剪开原型的情况下，通过移动纸样来转移省道的方法。实际制板时常用此方法。在电脑CAD上绘图时，也通常使用此种方法。② 剪切法：指设计新省位置，并剪开新设置的省道，合并原有的省道，通过剪开转移的方法来实现转省。此种方法简单、直观易懂，适合初学者。本书以剪切法为例讲解省道转移的方法。

2. 省道消除

当省道的省尖点位于原型的外轮廓线上时直接闭合省道就能够消除省道，原型中的b省就属于这种情况；另外，当省尖点与轮廓线有一定的距离，如d省，就需从省尖点至袖窿处做一辅助线，将辅助线剪开后再合并d省，这种方法虽然使原型的袖窿弧线发生了变化，但却不会改变原型的立体造型。

注意点：

（1）不论哪一种转省，其省尖都不能直接指在BP点上，这样容易使胸部成为锥形而影响胸部造型与美观。正确方法是省尖点应与BP点保持一段距离，使胸部能够呈球状隆起，一般距离为2~5cm。

（2）要尽量把基础胸省量转移干净，但由于某些款式或造型线的特殊性，有时也会出现纸样的基础省量无法完全清除，这时可通过褶裥或缩缝的手法来处理。

三、省道转移的设计与应用

合理利用省道的转移和消除，能够在保持服装立体效果的基础上，产生不同的设计款式，本章中所举实例的胸省和肩省是全部转移的，但是在实际制图中，还要考虑服装的外形、运动机能性及舒适性等因素，一般会把一部分省量当作松量留在袖窿处和肩线处。

1. 侧胸省的转移，见图3-3-2

（1）在原型样板上画出侧胸省的位置。

（2）剪开侧胸省至BP点，关闭原袖胸省。

（3）b省关闭消除。

2. 肩省的转移，见图3-3-3

（1）在原型样板上画出肩省的位置。

（2）剪开肩省至BP点，关闭原袖胸省。

（3）b省关闭消除。

3. 领省的转移，见图3-3-4

（1）在原型样板上画出领省的位置。

（2）剪开领省至BP点，关闭原袖胸省。

（3）b省关闭消除。

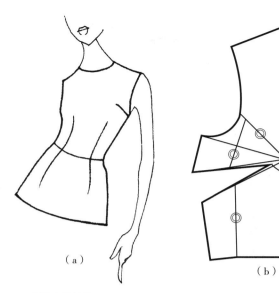

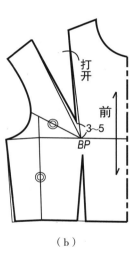

▲ 图3-3-2　侧胸省的转移

▲ 图3-3-3　肩省的转移

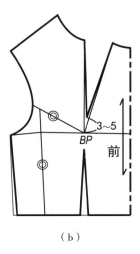

▲ 图3-3-4　领省的转移

4. 领省和腰省的转移，见图3-3-5

在原型样板上画出领省的位置，为了保证抽褶量，在袖窿弧线至领口弧线上也需要设置一条展开线。

（1）关闭袖胸省和腰省。

（2）剪开领省至BP点，将袖胸省和腰省的量全部转移至领省。剪开切展线，打开至所需褶量。

（3）b省关闭消除。画顺领口线。

5. 胸腰省转移为荡领的设计，见图3-3-6

减短袖胸省，领口与胸省省尖、两省尖分别连线设计切展线，将胸省与腰省合并后，打开领口辅助线，加大领外口量，画出领口贴边。

注意：此款荡领领口下凹量不大，基本上属于小荡领范围，如果领口下凹量和领外口量需要加大，则要通过追加面料松量来实现。

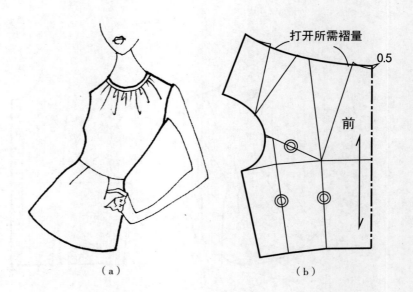

▶ 图3-3-5　领省和腰省的转移

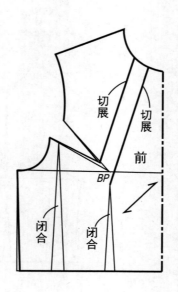

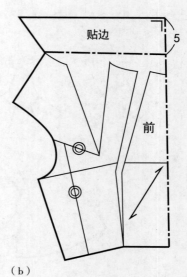

▲ 图3-3-6　胸腰省转移为荡领的设计

6. 胸省转移到肩部分割线（公主线）的设计，见图 3-3-7

这是将胸省转移到肩上，将肩省与腰省相连，后衣身将后肩省与后腰省连接的一种分割线的设计。

注意：

（1）设计省道时要尽量考虑分割线接近胸点，以充分发挥省道的塑型作用，但同时也要避免分割线直接通过 BP 点，否则会不美观。

（2）在做分割线时，转省后应对分割线进行修正，使分割线光滑美观。

（3）画公主分割线时，要求前后分割线在肩部相对合检查，以使前后分割线顺连，这一点非常重要。

（4）公主线造型适合具有一定强度和厚度的面料，用过于细密柔软的面料制作时容易产生缝皱现象。

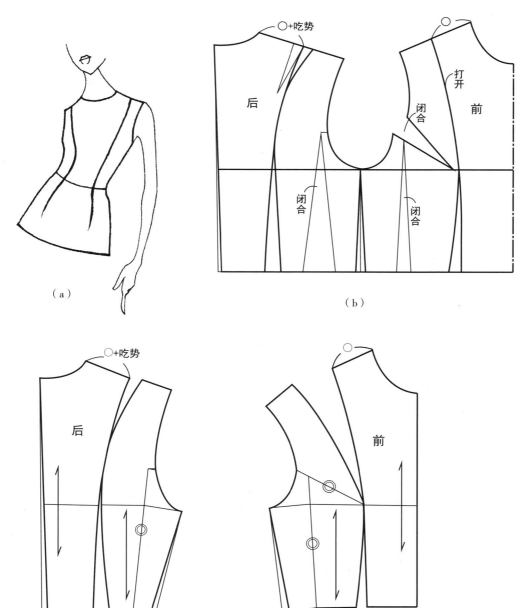

▲图3-3-7 胸省转移到肩部分割线（公主线）的设计

7. 领腰省线设计，见图3-3-8

通过设计辅助线将胸腰省转移至领部和腰部，依据款式造型需要，将转移后的省道分别减短。

8. 不对称省道设计，见图3-3-9

不对称省道设计是指将左右前片展开，设计切展线，分别将胸、腰省转入切展线形成不对称分割线。

9. 腰部交叉褶裥的设计，见图 3-3-10

将左右前片展开，设计切展线，依据款式需要，所有的切展线都设计在腰线上，分别将胸、腰省转入切展线形成腰部交叉褶裥。由于切展线越长，打开的褶量就越多，所以利用这一点，胸省量不变，将左右前片的胸省分别分成2个小省，减短省道长度，设计切展线，满足腰部褶裥量的需要。

10. 单肩顺褶的设计，见图 3-3-11

顺褶设计原理同腰部交叉褶裥的设计，依据款式需要，应先对省道进行调整，设计切展线，满足肩部顺褶量的需要。

后片省道的处理原则与前片相同，可以结合款式设计转移肩省或消除省道。

11. 将肩省转移到领口的设计，见图3-3-12

依据款式需要，移动肩省省尖，设计领口切展线。d省闭合消除。

12. 非连续抽褶分割线设计，见图 3-3-13

非连续抽褶的特点是分割线在衣身某部位突然中断，衣身依然为一整体。此款是在后衣身上，依据款式要求，调整后肩省，省尖与腰省（e省）省尖相连，为了加大抽褶量，通过省尖点向袖窿线做一条辅助线，合并腰省，打开肩省及辅助线，设计出非连续抽褶分割线。

（a）

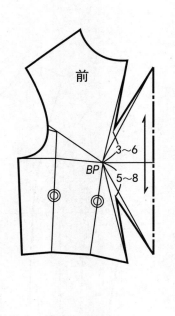

（b）

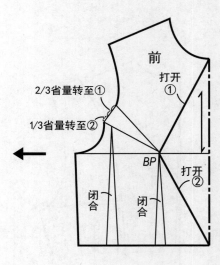

▲ 图3-3-8　领腰省线设计

（a）

（b）

（c）

▲ 图3-3-9　不对称省道设计

（a）

（b）

（c）

▲ 图3-3-10　腰部交叉褶裥的设计

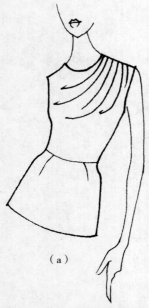

（a）

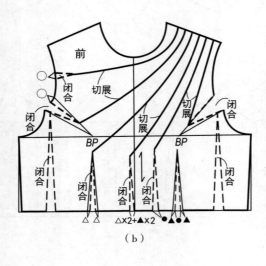

（b）

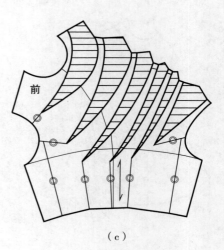

（c）

▲ 图3-3-11　单肩顺褶的设计

（a）

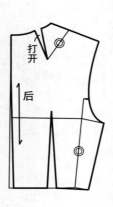

（b）

◀图3-3-12　将肩省转移到领口的设计

（a）

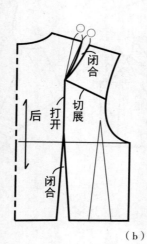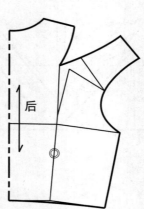

（b）

◀图3-3-13　非连续抽褶分割线设计

第四章

袖子的结构设计

袖子是服装的一个重要组成部分，也是款式设计的一个重要设计范畴，袖型的好坏直接影响服装的外观和舒适性，袖子纸样设计首先应满足人体的正常功能，然后尽可能地追求视觉上的美感。袖子的造型可谓千变万化。

第一节　袖子的结构分类

1. 按长短来分
有无袖、半袖、短袖、中袖、中长袖和长袖等。

2. 按衣身与袖子的装袖方式来分
有圆装袖、连袖、插肩袖，在这三大类基本结构上加上抽褶、分割、垂褶等造型手段可以形成各种新的袖子变化结构。

（1）圆装袖　衣服上有袖窿弧线，袖片与袖窿缝合形成袖子。有以袖原型为模板的合体袖，以及加入各种造型手段而形成的衬衣袖、灯笼袖、喇叭袖、郁金香袖、羊腿袖等。

（2）连身袖　没有袖窿弧线，袖片与衣身连成一体的衣袖结构。由于连身袖通常较宽松，袖窿松量较多，因此通常通过腋下插片、插角来形成贴体型的结构风格。

（3）插肩袖　顾名思义就是指肩部的一部分衣片连接到了袖子上，该袖型的舒适性和功能性较好，主要是通过衣袖上的分割线的变化来呈现不同的袖型风格。

3. 按袖子的构成片数来分
有一片袖、一片半袖、两片袖和多片袖等。

4. 按袖子的造型来分
有泡泡袖、灯笼袖、喇叭袖、荷叶袖、郁金香袖、接片袖、羊腿袖、落肩袖等。

第二节　圆装袖的设计与样板构成

一、圆装袖的基础结构制图

圆装袖是衣袖的基本形式，所以掌握圆装袖的结构设计原理与方法至关重要。圆装袖分基本结构及变化结构，变化结构是在基本结构上进行抽褶、波浪、褶裥、垂褶、省道等造型变化，形成新的结构。因此，首先要学会圆装袖的基本结构。

1. 袖原型的结构制图

将原型的袖窿胸省闭合，以此时的前后袖窿深为依据，在衣身原型基础上绘袖原型。

（1）确定袖山高。

① 如图4-2-1所示，拷贝衣身的前后袖窿线，将前袖窿胸省闭合，画顺袖窿弧线。

② 将侧缝线向上延长做袖山线，在此线上计算前后袖窿深的平均值，并取其5/6作为袖山高。

（2）绘制基础框架。

① 从袖山顶点开始，向前片的EL线取斜线长等于前AH，向后片的BL线确定袖肥。

② 从袖肥的两端向下做垂线，画出袖长，同时在袖长/2+2.5cm处画出袖肘线。

（3）绘制轮廓线，如图4-2-2所示。

① 将衣身片的前袖窿底分为3等份，每等份用△表示，同时把后袖窿底也分为3等分，每份用▲表示，然后分别在三分之一处做交于衣身袖窿弧线的垂线●、○。

② 将●和○至衣身侧缝线的袖窿弧线分别拷贝至袖原型的框架上，作为前、后袖山弧线的底部弧线。

③ 在前袖山弧线上从袖山顶点开始向下量取AH/4的长度。由该位置点做1.8~1.9cm长的前袖山斜线的垂直线，并把袖山斜线与◎线的交点向上1cm处作为袖窿弧线的转折点，然后经过袖山顶点，两个新定位点及前袖山底部画圆顺前袖窿弧线。

④ 同理做后袖山弧线：在后袖山弧斜线上沿袖顶点向下量取AH/4的长度，由该位置点做1.9~2cm长的后袖山斜线的垂直线，并把袖山斜线与◎线的交点向下1cm处作为袖窿弧线的转折点，然后经过袖山顶点，两个新定位点及后袖山底部画圆顺后袖窿弧线。

（4）确定对位点，见图4-2-2。

① 前对位点　在衣身上测量由侧缝线至◎线的前袖窿弧长，并由袖山底点向上量取相同长度确定前对位点。

② 后对位点　将袖山底部画有●的位置作为后对位点。

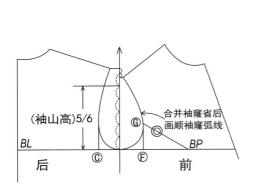

▲ 图4-2-1　合并袖窿胸省，定出袖山高

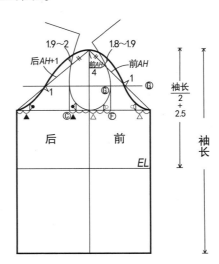

▲ 图4-2-2　袖原型轮廓线制图

2. 肘部收省一片袖的结构制图，见图4-2-3

该袖型的袖山为较贴体型，袖身为符合人体手臂自然往前弯曲的造型，即袖肘线以下往前弯曲的弯身型。因为是较贴体一片袖，所以肘部需要收省，可用于女时装或长袖旗袍。

图4-2-3中绘制的是肘部收省一片袖的样板结构。从前面的结构分析中我们知道，合体袖必须体现人体自然着装后的状态，即袖型要将肘部的弯曲状态在袖子的样板设计中体现出来。如图4-2-3所示，在肘线上做省。省道的大小视情况可分为两种：① 在工业生产中，由于是批量生产，无法使用归拔手法，因此，省道的大小即是前后袖缝的差。② 在小批量制作或高档西服制作中需要使用归拔手法，因此需要把省道的1/3作为归缩量，使袖型更加流畅。

按照袖原型的方法绘制袖片，袖山吃势量控制在2.5~3.5cm，前摆量为3cm，省量大小为前后袖底缝的差量，并预留1/3省量作为归缩量。

3. 合体一片袖的结构制图，见图4-2-4

该袖型的袖山为较宽松型，袖中线为直线型，袖身虽没有往前弯曲，但能贴合衣身，不外翘。可应用于女时装、长袖连衣裙、皮装等。

（1）袖山高为前后袖窿深的2/3+0.7cm，袖山吃势量控制在2~2.5cm。

（2）添加辅助线并合并成型。

4. 合体两片袖的结构制图，见图 4-2-5

该袖型的袖山为较贴体型，袖身为符合人体手臂自然往前弯曲的造型，前袖缝隐藏，前袖缝从上到下均匀地往内袖方向偏移，后袖缝因为袖口开衩为上偏下不偏的造型。合体两片袖可应用于女套装或女西装。

（1）袖山高确认方法同袖原型。

（2）袖山吃势控制在3~3.5cm，袖身往前偏，先设计好成型袖，再设计前后袖缝偏量，前袖缝内偏量在2.5~3.3cm，根据面料风格及面料熨烫性能确定偏量大小：归拔性能好的面料，偏量可大些，反之，偏量小些。

（3）后袖缝偏量一般从上面1.5cm逐渐过渡到袖衩处消失，将前后成型袖线

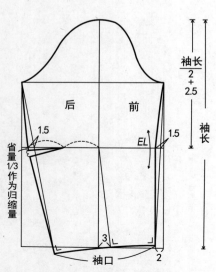

▲ 图4-2-3　肘部收省一片袖的结构制图

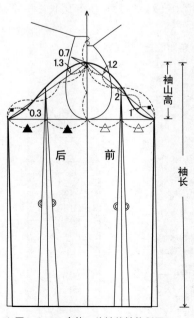

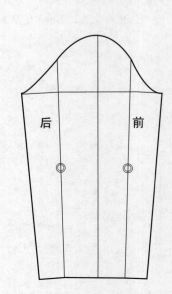

▲ 图4-2-4　合体一片袖的结构制图

往内袖方向偏移的量分别以前后成型袖线为对称轴反射到大袖片上，由于前后袖缝偏量都不是很大，反射到前后大小袖片上的前后袖缝长度差异不大，可在制作袖子时稍做拉伸或归拢处理。

（4）袖肘线的取值有两种方法：一种是从袖山点垂直向下量取30~30.5cm；另外一种方法是直接量取衣身胸围线至腰围线之间的距离，在以后的制图中经常会用到这种直接在衣身上量取的确认方法。

二、圆装袖的变化结构设计

1. 泡泡袖结构制图，见图4-2-7

泡泡袖是在袖口部位加入褶量，袖肥不增加，使整个袖山蓬松的袖型。常用于夏季短袖时装、连衣裙等，见图4-2-6。

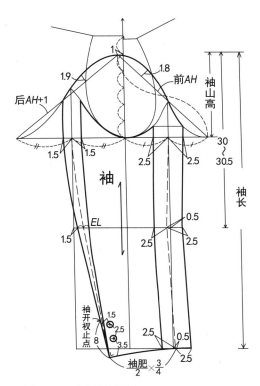

▲ 图4-2-5　合体两片袖制图

▲ 图4-2-6　泡泡袖款式图

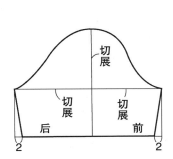

▲ 图4-2-7　泡泡袖结构制图

制图方法：

（1）对袖子进行切展，直接将袖型的袖山部分打开，让袖山高变高，直到满足想要加入的褶量。

（2）重新绘制袖山弧线，此种方法绘制的袖山褶量较多。

2. 羊腿袖结构制图，见图4-2-9

羊腿袖在袖口部位加入的褶量较大，增加袖山部位的饱满度，袖肘以下较为贴体，袖肘以上较为夸张，通过展开加大袖肥，使袖子造型呈羊腿形状，故称之羊腿袖。因其造型夸张，经常运用于婚纱礼服上，见图4-2-8。

制图方法：

（1）先按肘部收省一片袖的步骤绘制袖片结构。

（2）通过袖肘省尖做剪开线，合并袖肘省，打开剪开线。

（3）在袖片上先沿袖中线剪切至袖肘处，并向两端剪开拉展，再由袖中线沿袖肥线和袖山弧线上的辅助线剪切，按所需效果拉展放量。

（4）修顺前后袖底缝，袖山弧线放出耸起量后画顺外部轮廓线。

3. 荷叶袖结构制图，见图4-2-11

荷叶袖是指袖口扩展有均匀波浪的袖型，袖口扩张量较大，立体感较强，用于夏季短袖时装、衬衫、连衣裙等，见图4-2-10。

制图方法：

（1）在袖原型基础上截取20cm的袖长。

（2）根据荷叶袖所需波浪量把前后袖肥分别3等分，在袖子上添加纵向辅助线，将袖进行剪切拉开。

（3）将袖口弧线修顺。

4. 接片袖结构制图，见图4-2-13

此袖为袖山和袖口处较合体，中间接缝处膨起的造型。为了达到此造型的效果，宜选择质地较硬挺的面料，可用于夏季短袖时装、连衣裙等，见图4-2-12。

制图方法：

（1）在袖原型基础上截取20cm的袖长。

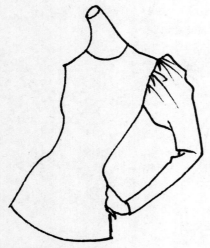

▲ 图4-2-8　羊腿袖款式图

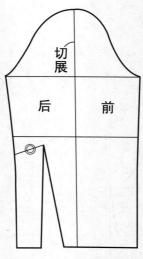
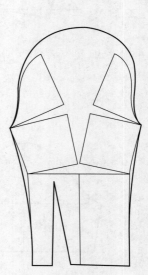

▲ 图4-2-9　羊腿袖结构制图

（2）做出所需分割的造型线，做出纵向辅助线。

（3）沿辅助线分别剪切放出所需量，袖山部分上面不变下面展开，袖口部分相反下面不变上面打开，上下打开的量必须相等。

（4）画顺造型线并放出一定的膨松量，两条造型线长度必须相等。

5. 袖山垂褶袖结构制图，见图4-2-15

这是一款在袖山上剪开、拉展，形成垂褶造型的袖型。垂褶必须用45°斜丝缕。可用于夏季短袖时装、连衣裙等，见图4-2-14。

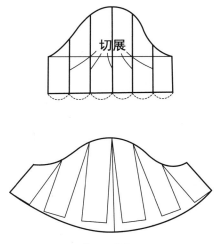

▲ 图4-2-10　荷叶袖款式图

▲ 图4-2-11　荷叶袖结构制图

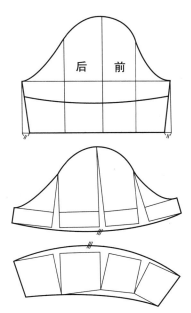

▲ 图4-2-12　接片袖款式图

▲ 图4-2-13　接片袖结构制图

制图方法：

（1）在袖原型基础上截取25cm的袖长。

（2）按所需造型分别在前后袖片上做出袖子的辅助线，在前后袖子上各加3条。

（3）分别将前后袖片进行剪切拉展，加入垂褶量，一般来说，褶量由下往上递减，这是为了让袖型有梯状美感。

（4）重新定袖中心线，画顺袖山弧线和袖口线。

6. 衬衫袖结构制图，见图4-2-18

衬衫袖的袖山为较宽松型，男式衬衣袖衩，袖口有两个褶裥，用于女衬衣，见图4-2-16。

制图方法：

（1）因为袖山高为较宽松风格，所以袖山高为前后袖窿深的（2/3+0.7）cm，见图4-2-17。

（2）袖身按直身袖设计，袖口需在实际规格尺寸上加上褶裥量。

▲ 图4-2-14　袖山垂褶袖款式图

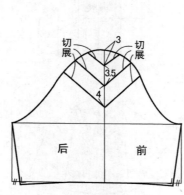

▲ 图4-2-15　袖山垂褶袖结构制图

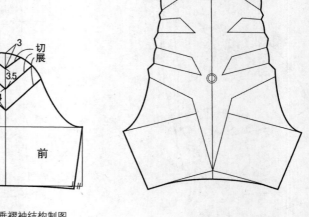

▲ 图4-2-16　衬衫袖款式图

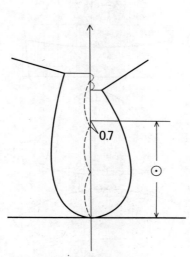

▲ 图4-2-17　袖山高的确认

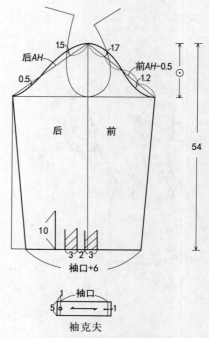

▲ 图4-2-18　衬衫袖结构制图

7. 郁金香袖结构制图，见图4-2-20

此款由两个重叠袖片组成，在袖山顶部同泡泡袖一样抽褶，袖口呈花瓣状张口，整个袖型看起来就像一朵含苞欲放的郁金香，这种略带夸张，具有装饰意味的袖型，多用于小礼服或连衣裙，见图4-2-19。

制图方法：

（1）在袖原型基础上，先按泡泡袖的制图方法，展开袖型，为了形成饱满的花的底部形状，展开量一般为6~10cm，然后画顺袖山弧线。

（2）画出两道交叉分割线，于中心下挖4cm分别画出两道分割弧线，把袖片分成两片，重叠量为20cm。

（3）因为袖口呈花瓣状所以要画圆顺袖口夹角。

8. 落肩宽松袖结构制图，见图4-2-22

此款是不用袖原型而直接设计的袖型，主要用于宽松落肩式休闲服装，此款宽松式服装胸围松量很大，相应的袖窿深很深，合体性要求较低，因此袖山高度宜降至10cm以内，以配合弧度较小的落肩式袖窿，袖山高度多用$AH/6$~$AH/7$控制，袖山斜线也因为不需要缩缝量而减小，见图4-2-21。

▲ 图4-2-19　郁金香袖款式图

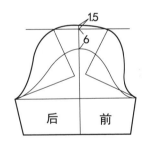
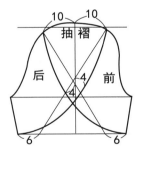

▲ 图 4-2-20　郁金香袖结构制图

▲ 图4-2-21　落肩宽松袖款式图

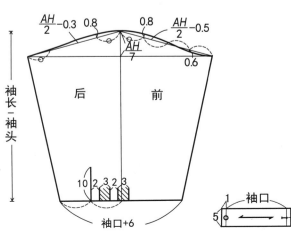

▲ 图4-2-22　落肩宽松袖结构制图

▲图4-2-23 礼服袖款式图

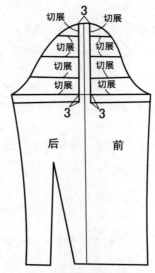

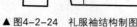

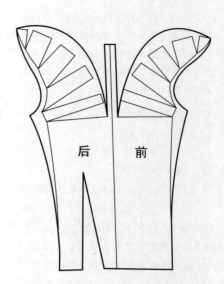

▲图4-2-24 礼服袖结构制图

制图方法：

（1）设定袖山高为$AH/7$。

（2）从袖山顶点开始，向前片的袖肥线取斜线长（$AH/2-0.5$）cm，向后片的袖肥线取斜线长（$AH/2-0.3$）cm，确定袖肥。

（3）绘制袖窿弧线，具体尺寸如图4-2-22所示。

（4）做袖口线，连接袖口两端和前后袖肥端点，画出袖开衩及两个褶裥。

（5）绘制袖头。

9. 礼服袖结构制图，见图4-2-24

此种袖型同羊腿袖一样，常用在婚纱礼服上。此款在袖中间3cm处放出横向抽褶，经过多次剪切放量，效果非常夸张、漂亮，见图4-2-23。

制图方法：

（1）先按肘部收省一片袖的步骤绘制袖片结构。

（2）在袖中线两边各放出1.5cm画至袖肥线向下3cm作为纵向分割线，在纵向分割线处再画出横向辅助线。

（3）沿各条横向辅助线剪切拉展，放出所需抽褶量。

（4）修顺褶量并放出相应的耸起量，前后袖山处放出横向蓬松量，注意要和原袖山弧线长度相等，两袖侧缝相等，即为外部轮廓线。

▍第三节 连身袖与插肩袖的结构设计与样板构成

连身袖就是指在腋点以上部位没有袖窿线或造型线，袖片和衣片连接在一起，属于平面造型的袖子类型，平面造型的袖子要想包裹住身体和胳膊这两个相邻的圆柱体时，需要加入更多的松量，才能将袖下及腋下对合起来。

　　插肩袖是一种非常规的袖型，它通过分割线将衣片上的一部分连接到了袖片上，在袖窿的基础上，分割弧线取代了袖窿弧线。因此，虽然插肩袖同圆装袖一样，能够使袖型呈现立体状态，即合体型插肩袖。但这种合体状态同普通装袖是不一样的，由于片衣的牵引，插肩袖的合体性只是相对的，还达不到圆装袖的合体度。插肩袖与连身袖在服装中应用广泛，尤其是秋冬外套、大衣、风衣款式中常见。

一、插肩袖、连身袖结构原理

　　从结构上来看，插肩袖、连身袖有很多相似之处，比如说袖中线倾斜度对衣袖造型和手臂运动的影响，两者是相同的。但两者也存在不同之处，如连身袖的衣身与袖片相连，结构简单直观，功能性主要由袖中线的倾斜度完成。而插肩袖在肩胸部有不同造型的分割线，分割线既起到装饰作用，又与衣身袖窿弧线底部一起对衣袖起制约作用。

1. 袖中线倾斜角度变化与袖山高、袖肥、袖窿深的关系

　　在连身袖和插肩袖结构中，袖山高的取值依然是结构设计的重点，图4-3-1中演示了从圆装袖过渡到插肩袖的过程，这说明，圆装袖的袖山高与袖型、袖肥、袖窿深的关系也适用于插肩袖、连身袖的纸样结构设计，即袖山越高，袖肥越小，袖窿深相对较浅，袖型就越合体；反之，则袖山越低，袖肥越大，袖窿深相对较深，袖型的贴体度也就越小。

　　另外，袖中线与肩点的角度（α）也影响着袖与衣片的贴体程度，它和袖山高互为制约，对插肩袖和连身袖的宽松与合体性起着决定性作用。

　　当$\alpha=50°\sim60°$时，袖山高为$AH/3$，一般为15~18cm，袖型呈合体风格；

　　当$\alpha=35°\sim45°$时，袖山高一般为11~14cm，袖型呈较宽松风格；

　　当$\alpha=0°\sim30°$时，袖山高一般为0~10cm，袖型呈宽松风格。

2. 袖中线倾斜角的结构制图方法，见图4-3-2

　　在结构制图中，袖中线倾斜角的确定方法有三种：角度式、比例式和三角式。

　　（1）角度式　是用量角器直接量取法，见图4-3-2（a）。

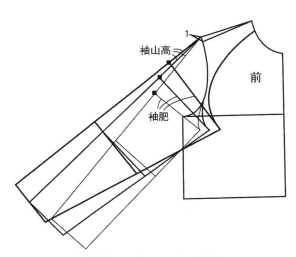

　　▲ 图4-3-1　袖中线斜度与袖山高、袖肥的关系

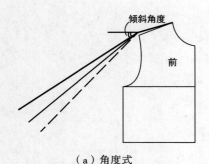

（a）角度式

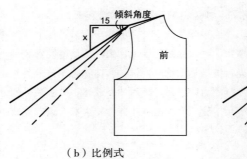

（b）比例式

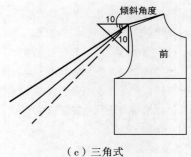

（c）三角式

▲ 图4-3-2　袖中线倾斜角结构制图方法

（2）比例式　是以肩端点（sp点）处取一定的尺寸（通常设定为14~15cm），做这条线的垂直并取某一尺寸（x），以垂线长度来调整袖中线的倾斜角度，见图4-3-2（b）:

当x=0~5.5 cm时，袖中线倾斜角为0°~20°；

当x=5.5~9 cm时，袖中线倾斜角为20°~30°；

当x=9~15 cm时，袖中线倾斜角为30°~45°。

（3）三角式　是通过肩端点（sp点），做直角边为10 cm的等腰三角形，在此基础上设定袖中线倾斜角，见图4-3-2（c）。

二、连身袖的设计与样板构成

1. 连身袖款式特点

连身袖没有袖窿线，与衣身连裁，适合表现柔美的肩胸部。

在腋点以下部分加入分割线，成为插片或插角:

（1）插角连身袖　为了补足袖子的活动量，在袖片和腋底处分别加入角度分割线，菱形插角结构使用较多。穿着时当胳膊呈下垂状态时，应保证前后衣身插角的拼缝线不外露。插角的位置主要以前片的胸宽线和后片的背宽线为基准，考虑到胳膊向前运动的舒适性，后片的插角位置要比前片高些。

（2）插片连身袖　为了保证袖子的运动功能性，腋下加入插片，通常会在袖底加入三角插片。

2. 腋下无分割线宽松式连身袖

（1）和服袖　此款是直接延长原型肩线形成袖中线的袖型，该袖型的衣身宽度、袖肥的松量在平袖设计中为最小限度，见图4-3-3。

制图方法，见图4-3-4:

① 后片肩线延长作为袖中线，取长度为袖长，并做出袖口线。

② 前片胸省4等分，其中1等分合并转入胸省，使腰线、下摆线上提；另外1等分合并进行撇胸，形成新肩线后延长成袖中线，并如图4-3-4所示做出袖口线；剩下的2等分作为袖窿松量。

③ 圆顺前后侧缝作为袖底线。

（2）蝙蝠袖　此款的倾斜角度最低（多在0°~20°）且袖窿加深，袖底缝加上侧缝长度的尺寸变得更短，这样就造成手臂上抬不方便，为了解决这一问题，蝙蝠袖多配合垂感较好的面料和宽松的款式，见图4-3-5。

制图方法，见图4-3-6:

① 通过肩颈点做垂直于前后中心线的垂直线，使其与肩线形成一定的角度，将此角度2等分，1/2等分为α°，以α°作为前后袖中线的倾斜角度，并延长至袖长。

▲ 图4-3-3　和服袖款式图

②从后袖口取13cm，前袖口取12cm，作为袖口线。

③前后侧缝从腰节向上4cm连接袖口，并圆顺作为袖底线。

3. 腋下有分割线——略带立体感的袖子

（1）加入有插角的袖型　这是一款略带立体感的袖型，适用于较贴体的服装，袖中线斜度角度以30°~45°为宜，此款袖型的特点是从前后腋下加入菱形插角，将此插角缝入腋下，既能补充抬袖时所缺的松量和袖底缝尺寸的不足，又有一定的立体感，见图4-3-7、图4-3-8。

菱形插角制图，见图4-3-9：

①画一条水平线，并画其垂线，两线相交为E'点，量取$E'E$距离；量取ED距离；

②量取$DG=AB$，EG的距离为插片宽；

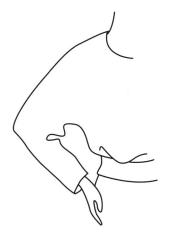

▲图4-3-5　蝙蝠袖款式图

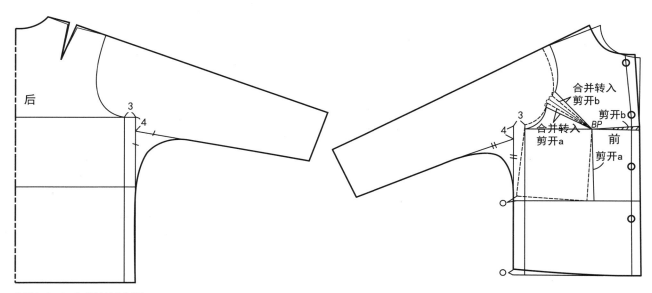

▲图4-3-4　和服袖结构制图

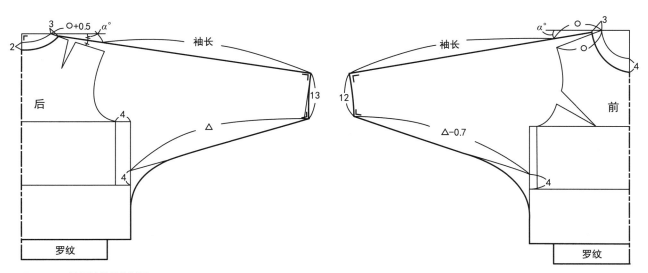

▲图4-3-6　蝙蝠袖的结构制图

▲图4-3-7　插角连袖款式图

③以E点为圆心，以EF线段长为半径画弧；以G点为圆心，以BC线段长为半径画弧；两弧相交于H点，连接EH、GH。

（2）加入插片的袖型　此款是在腋下插角的连身袖的基础上设计而成的腋下插片的连身袖型，适用于较贴体型服装。此类服装造型美观，为保证袖子的运动功能性，当袖中线倾斜角度较大时，将衣片纸样加入分割线，腋下加入三角插片，将衣身侧片和三角插片一起插缝在侧缝与袖底缝之间，手臂下垂后褶皱较少，见图4-3-10、图4-3-11。

三、插肩袖的结构设计

（一）插肩袖的分类

1. 通过上袖角度的不同可分为以下三种，见图4-3-12

（1）合体型插肩袖：前袖中线斜度通常为$\alpha_1=50°\sim60°$，后袖中线斜度通常为$\alpha_1'=\alpha_1-2.5°$，插肩袖的袖山较高，袖肥较小，袖窿深较浅，可以通过几种方法使袖型结构适当前抛，以利于袖子形成吻合手臂的弧形状态。此类袖型的腋下只有少量褶皱，形态呈较合体状态。

（2）较宽松型插肩袖（中性插肩袖）：前袖中线斜度通常为$\alpha_2=35°\sim45°$，后袖中线斜度通常为$\alpha_2'=\alpha_2$，此类插肩袖的袖山中低，袖肥中等，袖窿深也相应降低，袖下褶皱较多，呈较宽松状态。

（3）宽松型插肩袖：前袖中线斜度通常为$\alpha_3=0\sim30°$，后袖中线斜度通常为$\alpha_3'=\alpha_3$，此类插肩袖袖山最低，袖下有大量褶皱，形态呈宽松状态。

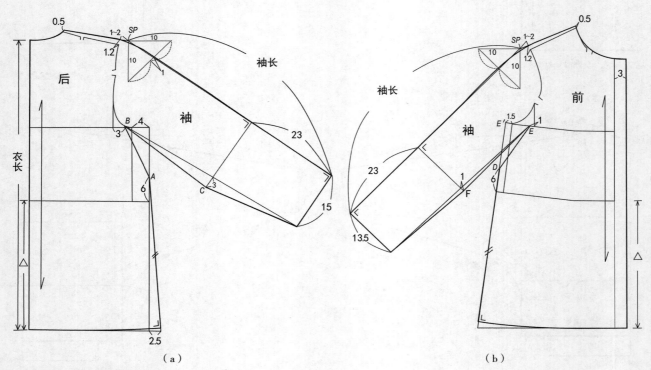

（a）　　　　　　　　　　　　　　　（b）

▲图4-3-8　插角连袖结构制图

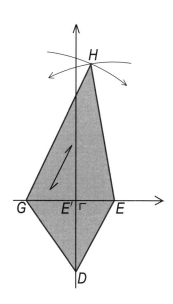

▲ 图4-3-9　插角连袖菱形插角结构设计

▲ 图4-3-10　插片连袖款式图

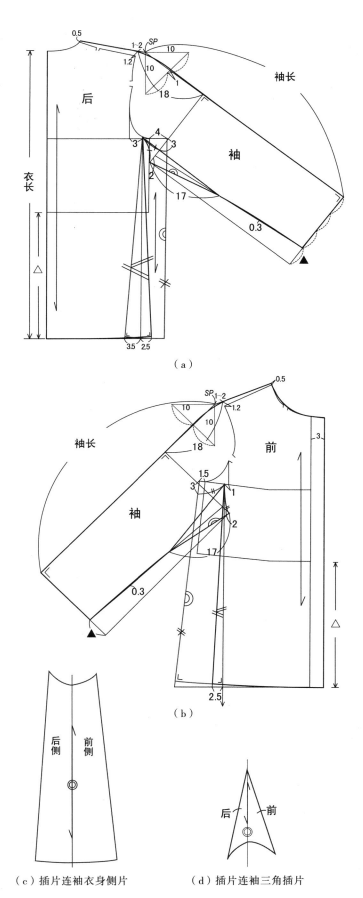

（a）

（b）

（c）插片连袖衣身侧片　　　（d）插片连袖三角插片

▲ 图4-3-11　插片连袖结构制图

2. 通过分割线所在部位的不同进行分类，见图4-3-13

插肩袖的变化还可通过衣袖和衣片的分割形态来进行，插肩袖的袖片与衣片呈互补关系，但是这种互补关系只存在于腋点以上部位，腋点以下部位是相对不变的。由此，可以前后腋点为基点引出若干款式线，这些不同的款式线，也就构成了不同的袖型。如：合体插肩袖、育克插肩袖、半插肩袖以及由这些分割线再次组合而成的复合型结构的插肩袖，如前插后圆形插肩袖。

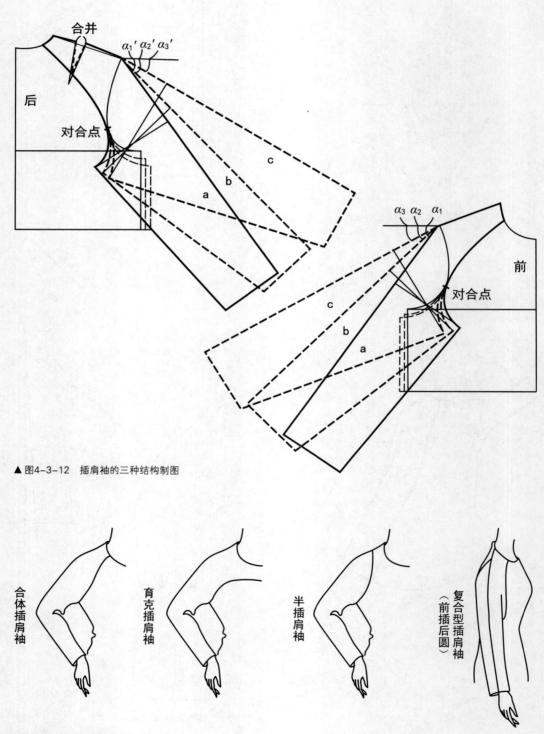

▲ 图4-3-12 插肩袖的三种结构制图

▲ 图4-3-13 插肩袖的分类

（二）插肩袖的基本构成，见图4-3-14

插肩袖是指把衣身片的分割部位加入袖片，是衣片肩部和袖片连成完整结构的袖型。

（1）袖中线的倾斜度在前后片是不一样的，以水平线为基准，前片大约是60°，后片大约是57.5°。这是在袖原型和衣身原型对合时得到的角度。我们知道，袖原型是属于高袖山的范围，而衣身原型又是合体状态，因此可得出结论：60°角时大约是插肩袖的最高角度，即最合体插肩袖的袖中线的倾斜度，且在合体状态下，前后袖的倾斜度相差2.5°。

（2）此外，延长原型肩线与袖中线相交，前面大约离肩头3cm，后面则是3.7cm，这个是将原型袖装到原型衣片时的数值。由此可知，在合体插肩袖中可适当减小后肩省，使后肩宽比前肩宽多0.7cm左右。

（3）另外，从图4-3-14中看出，前后袖中线点都比肩点多出3cm，因此在制图中也从肩点外移1~2cm作为新肩点再开始制图，这样会更符合肩部曲面。

（4）在结构制图中，一定要使对合点以下的袖底弧线长度与衣片的袖窿底线长度相等，在前面的圆装袖袖片结构中讲到过，袖片在腋点以下部位是没有吃缝量的，插肩袖也应遵循这一点。

（三）插肩袖的基础样板结构

1. 合体插肩袖的基础样板结构，见图4-3-16

合体插肩袖的袖型既便于活动又较为贴体，与手臂的前倾趋势吻合，插肩袖是半平面结构，因此，要想使袖型与手臂的前倾趋势吻合，就必须调节袖中心线，如图4-3-15所示。

（1）前后袖中线倾斜角度差加大，使袖中线在袖口侧向前调节。

（2）前面讲过，人体静立时，手腕前段至肩点下垂线的水平距离，年轻人的值大约是5cm，因此，就如在圆装袖中所述，袖口倾斜量大约为手臂前倾量的1/2，即袖中线在袖口处向前移动2~3cm，这样，袖子的形态就与手臂下垂的自然状态基本吻合。

（3）如果还想使袖型如圆装袖一样，在肘部呈自然弯曲状态，则可在后片上收袖省。

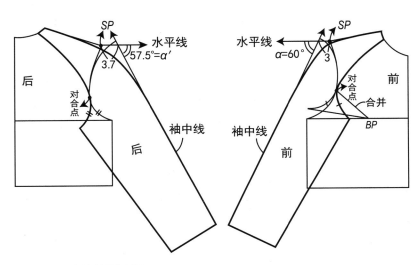

▲ 图 4-3-14　插肩袖结构制图

制图方法和要点

（1）根据插肩袖的设计要求，在衣片上加入一定的松量，同时把2/3袖窿胸省转至侧胸省，其余1/3作为袖窿松量，然后把袖窿弧线画圆顺。

（2）将后肩省留下0.7cm作为吃缝量，其余部位进行合并，得后省线为△，重新量取前肩宽为△-0.8cm。

（3）确定袖中斜线：从前后肩点处做水平线，同时外移1cm，作为新的肩点，以新肩点为基准取相对水平线的夹角（前为57.5°，后为55°，前后角度差为2.5°）做袖中斜线，斜线长度为袖长尺寸。

（4）袖中斜线设定好后，如图4-3-16所示，从肩点处向下确定袖山高后画出垂直的袖根肥线。袖山高的公式为AH/3，或给一个定数（15~18cm），前后袖山高相等。

（5）确定插肩弧线，一般情况下，插肩线从原型袖窿弧线的G线附近确定袖窿弧线和袖片弧线的对合点，然后从前肩点向下4cm，后肩点向下3cm，分别连接对合点做辅助线，如图4-3-16所示，从辅助线2等分点向上1cm，做弧线沿对位点圆顺至袖根肥线，从而确定袖肥。前后片在对合点上部的插肩线作为袖片和衣片的共用线，而在下部袖片和衣片呈相反的弧度，且弧度相等。

（6）画袖口线，长度为1/2袖口，然后从袖中斜线与袖肥线的交点处做3cm的袖前摆线，即前袖片向内取3cm，后袖片向外取3cm成为新袖中斜线，确定新袖口线。

（7）前袖底线内凹1cm做新袖底弧线，后袖底线外凸1cm做新袖底弧线，并在袖肘线处做后袖肘省。

（8）画圆顺肩部曲线。

2. 半宽松式插肩袖的结构制图，见图4-3-17

半宽松式的袖中斜线的倾斜度加大，腋下有部分褶皱，外形轻便，较利于活动，多用于休闲装，基本制图方法可参照合体插肩袖，但还有以下几点不同。

（1）因为是相对宽松一些的袖型，所以相对应的胸宽和袖窿深也宽松一些，即松量加大，窿深加深。

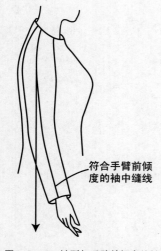

▲ 图4-3-15　袖型与手臂前倾度的关系

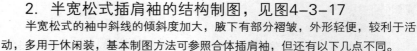

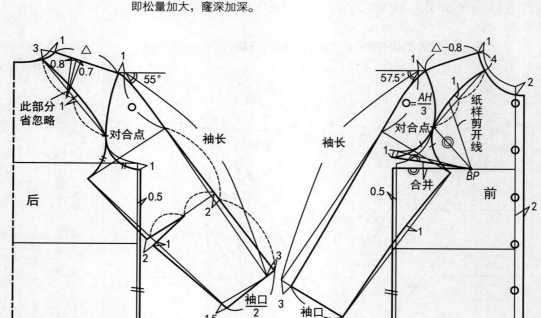

▲ 图4-3-16　合体插肩袖的结构制图

（2）袖中线倾斜角度变小（以水平线为基准），可选择35°~45°，该角度与袖宽成反比，角度小则袖宽大，角度大则袖宽小。

（3）袖中斜线的前后角度差可有，也可没有。一般来说，若款式仍有部分胸省收省，则保留前后角度差，若款式取消胸省，宽松度相对较大，则取消袖中线的前后角度差。

（4）后肩不必打肩省，前后肩线等长，但是肩点的外移量加大，为1.5cm。

（5）一般不必偏袖，但应尽量加大袖肘省，以利于袖型舒适、美观。

总之，在袖中斜线的倾斜角度发生变化时，衣身造型和袖型的各构成要素是同时变化的。

制图方法和要点

（1）在衣片上加入10~18cm松量，1/2胸省作为结构胸省合并，另1/2胸省作为袖窿松量。

（2）忽略后肩省，后肩比前肩多0.5cm作为松量，同时前后肩均外移1.5cm，以此为新肩点做袖中斜线，倾斜度为前45°，后42.5°，前后角度差为2.5°。

（3）从肩点向下确定袖山高后画出垂直的袖根肥线，袖山高为公式$AH/5$或给一个定数（11~15cm）。

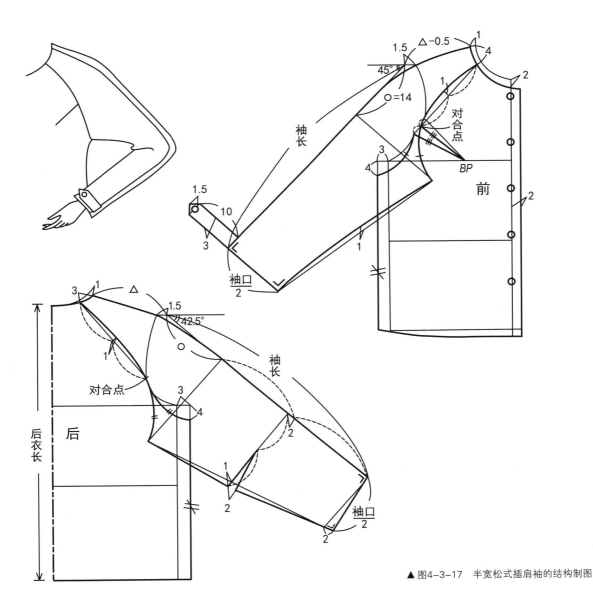

▲ 图4-3-17 半宽松式插肩袖的结构制图

（4）半宽松插肩袖的做图方法同合体插肩袖一样，前后片在对合点上部分的插肩线为袖片和衣片的共用线，而下部分的袖片则做与衣片相反的轮廓线，并在袖根肥线上取得与袖片弧线相同的尺寸来决定袖肥。

（5）把后片的袖根肥线至袖口线2等分，从2等分点向上2cm做袖肘线，并把后袖肘线2等分作2cm的后袖肘省，然后把前袖底线内凹1cm，后袖底线外凸1cm，做新袖底弧线。

（6）重新做袖口线，并画出袖衩。

3. 宽松式插肩袖的结构图，见图4-3-18

宽松袖的倾斜线的倾斜度最大，腋下有大量的褶皱，外形也最为宽松，多用于休闲装和运动装，此类服装的宽松量一般在20cm以上。基本制图方法可参照半宽松式插肩袖，但还有以下几点不同：

（1）袖中线倾斜度多为20°~30°，以体现袖型宽松的外观效果，也可设计成连肩式插肩袖，即从肩点开始沿肩斜成一条直线来取袖中线，使前后袖片能够对合在一起。

（2）后肩不设肩省，前后肩线等长，肩点加宽2cm，若是宽松式大衣，则肩点加宽2.5cm。衣片基本上平面化了，不必设胸省。

（3）不必偏袖，而且由于立体感要求减小，一般是先画好后片，然后把后片

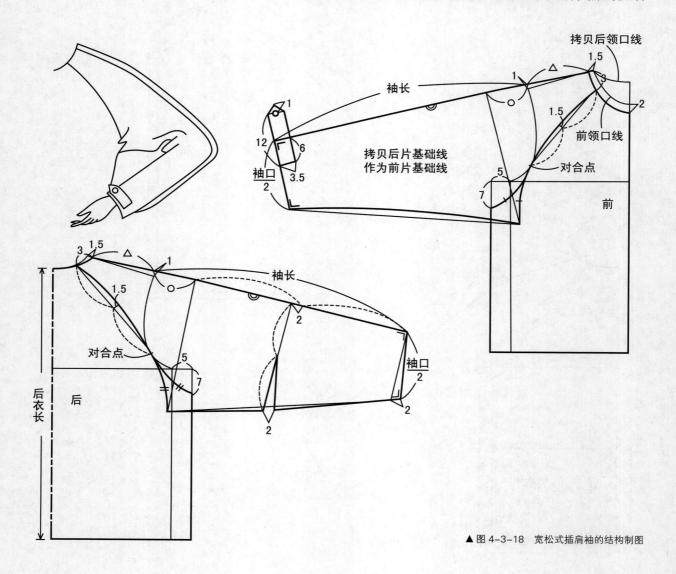

▲ 图4-3-18 宽松式插肩袖的结构制图

基础线拷贝到另一张样板纸上，作为前片基础线，所以前后袖中斜线的倾斜度没有角度差。

制图方法

（1）按设计的要求设置松量，后肩点抬高1cm，画新肩线延伸至袖长尺寸。

（2）从新肩点向下确定袖山高后画出垂直的袖根肥线，袖山高为AH/6~AH/7或定数7cm左右。

（3）从新袖窿处根据设计要求选取一适合点作为对合点，做插肩线。

（4）拷贝后片基础线作为前片基础线，重新画前领窝线。

（5）把后片的袖根肥线至袖口线2等分，从2等分点处向上2cm做袖肘线，并把后袖肘线2等分，做2cm的后袖肘省。

（6）把前袖底线内凹1cm，后袖底线外凸1cm，做新袖底弧线。然后做新袖口线，并画出袖祥。

四、插肩袖的变化样板结构

1. 育克插肩袖，见图4-3-19

此款是以半宽松插肩袖为基础设计的育克插肩袖，适用于半宽松式的服装，育克线的设置基本上在G线处通过。要注意育克线与袖底人字线的相接圆顺，袖中斜线度以30°~45°为宜。

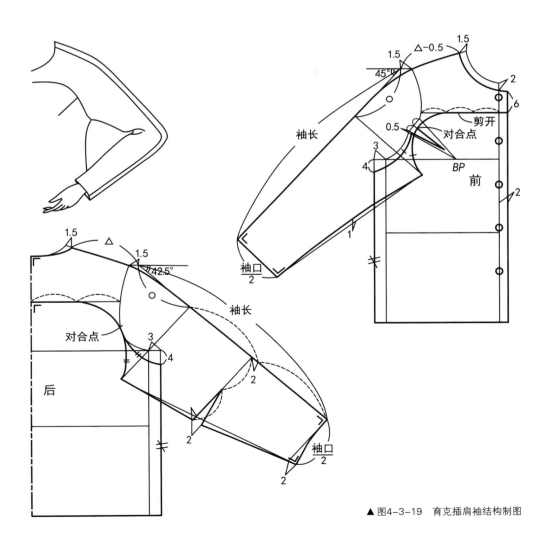

▲ 图4-3-19　育克插肩袖结构制图

2. 半插肩袖，见图4-3-20

这是以合体插肩袖为基础设计的半插肩袖，适用于合体或半宽松式的服装。袖中斜线以45°~55°为宜。此款主要特点在于，插肩线上部的终点不在领围线上，而是在肩线上，其上端一般定在肩线的2等分点附近，前后片插肩线的上端应对在一起。插肩线弧度的方向左右均可，以圆顺为准，且要打足胸省，袖型有偏袖及袖肘省。

3. 前插后圆型插肩袖，见图4-3-21

这是以半宽松式插肩袖为基础设计的前插后圆型袖型。此款利用插肩袖断开的袖中线，把前后片处理成不同的外观效果。又因为有圆装袖的效果，所以袖中线斜度在45°以上为宜，且要让前后袖中斜线有角度差，并尽量设置袖肘省。而且圆装袖的部分袖窿线和袖山线也须按照插肩袖的方法裁剪。

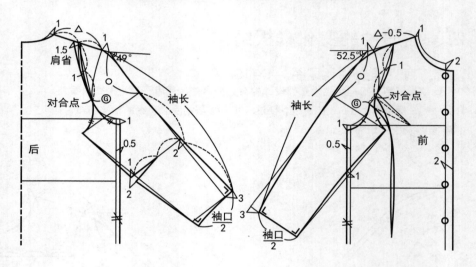

▶ 图4-3-20　半插肩袖结构制图

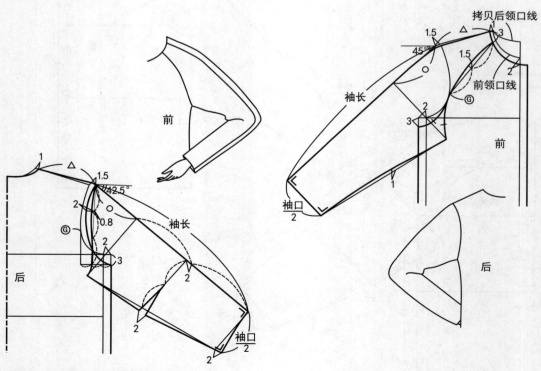

▲ 图4-3-21　前插后圆型插肩袖结构制图

第五章

领子的结构设计

▌第一节   领子概述

一、领子在服装款式中的重要作用

领子在服装款式中虽然体积不大，但部位重要，在服装的整体造型中非常引人注目，它衬托着人的脸颊与脖颈，是连接头部与身体的"视觉中心"。领子的形式不仅体现服装的美感，而且在很大程度上决定着服装的风格。领子的款式千姿百态，结构比较复杂，是服装设计中的一项重要研究内容。

二、领子的分类

领子的造型千变万化，在众多的领型变化中，从构成和形式上可归纳为以下五种基本类型。

（1）无领：也称领口领，只有领窝部位，以领口本身的形状作为领子的造型线，因此形成不同风格的无领结构，见图5-1-1。

（2）立领：直立环绕颈部一周的领型，通过改变领宽和领直立的角度可得到各种不同的造型效果，也称旗袍领、军装领、唐装领等，见图5-1-2。

（3）翻立领：是由立领作领座，翻领作领面组合构成的领子，如衬衫领、中山装领都属此类，见图5-1-3。

（4）翻驳领：领身分领座和翻领两部分，但两部分相连成为一体，其实是翻领和驳头的组合，领宽和串口线的高度和倾斜度等容易受到流行和个人喜好的影响，根据驳头及领尖的形状不同，有平驳头和枪驳头之分，以西装领为基础，可有多种变化，见图5-1-4。

（5）平翻领：是领座很少或没有，平铺在肩部的领型，根据领外口线的形状和长度的不同，有不同的变化，常用于童装及女装衬衣上，见图5-1-5。

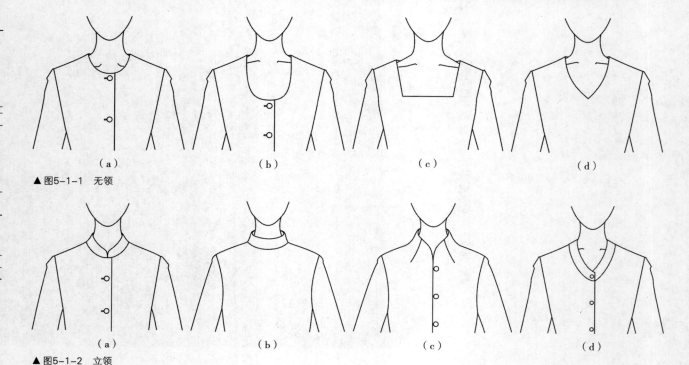

（a）   （b）   （c）   （d）

▲ 图5-1-1   无领

（a）   （b）   （c）   （d）

▲ 图5-1-2   立领

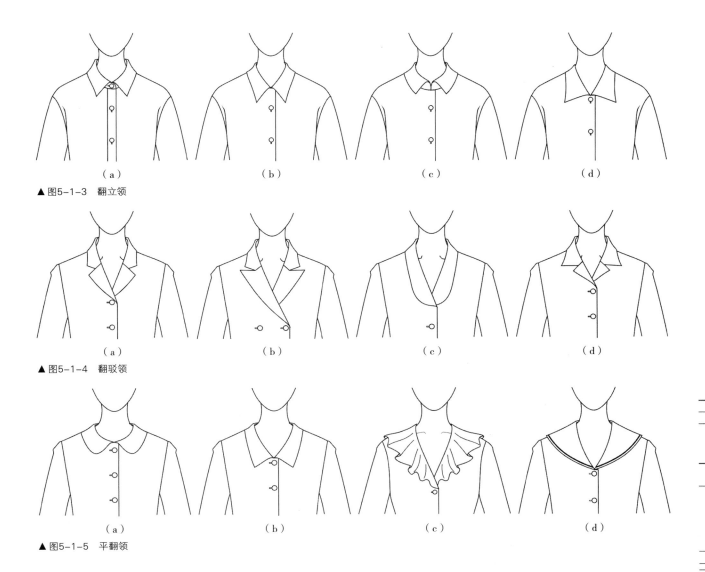

▲ 图5-1-3　翻立领

▲ 图5-1-4　翻驳领

▲ 图5-1-5　平翻领

三、领子的结构特点

研究领子的结构首先要研究领与人体，尤其是研究领与头、颈、肩的关系。人体的颈部呈前倾的上细下粗的圆柱形，见图5-1-6，颈斜约9°，肩斜约19°，横截面类似桃形，见图5-1-7。由于颈部和肩部的形状及活动状态是决定衣领大小和底领口造型的基本依据，所以研究了解领子和颈、肩的造型关系是至关重要的，能覆盖在颈部的基本领型应该是一个圆柱体的侧面展开图，见图5-1-8。

（a）

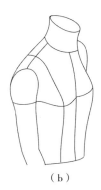

（b）

◀ 图5-1-6　人体颈部形状

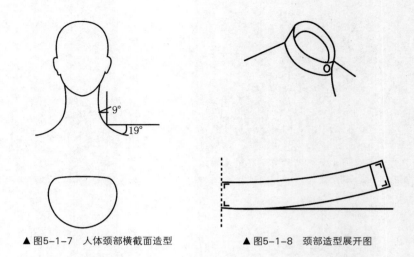

▲图5-1-7 人体颈部横截面造型   ▲图5-1-8 颈部造型展开图

四、领子的构成要素

1. 领子构成的四大部分

（1）领窝部分：领子结构的最基本部位，是安装领身或独自担当衣领造型的部位，是衣领结构设计的基础。

（2）领座部分：单独成为领身部位，或与翻领缝合、连裁在一起形成新的领身。

（3）翻领部分：必须与领座缝合、连裁在一起的领身部分。

（4）驳头部分：衣身与领座相连，向外摊折的部位。

2. 领子构成的其他要素

（1）底领口线：也称装领线，领身上需要与领窝缝合在一起的部位。

（2）领上口线：领身最上口的部位。

（3）外领口线：形成翻领外部轮廓的结构线，它的长短及弯曲度的变化决定翻领松度。

（4）翻折线：将领座与翻领分开的折叠线，它的位置及形状受领子形状和翻领松度的制约。

（5）翻驳线：将驳头向外翻折形成的折线。

（6）串口线：将领身与驳头部分的贴边缝合在一起的缝道。

（7）翻折止口点：驳头翻折的最低位置。

▌第二节 无领的结构设计

一、无领的结构设计分析

无领的结构设计，是利用领口线的不同形态、不同组合方式，达到对人的面部修饰、美化的目的。这种领型在夏季的衬衫和连衣裙上使用较多。设计的基本原则，是使领型与人体颈部取得完美结合。在制图时，需先把衣身基础领口、总肩及前胸宽的结构制出，然后在此基础上根据效果图或设计要求画出实际领口的形状及大小。

二、无领的结构设计实例分析

1. 前有开门的无领结构

图5-2-1款式的衣身和领口如果不做任何处理，成衣后就会在前领口处产生多余量，为解决这个问题，制图时就应在前中心领口处去掉一个量，即撇胸处理。

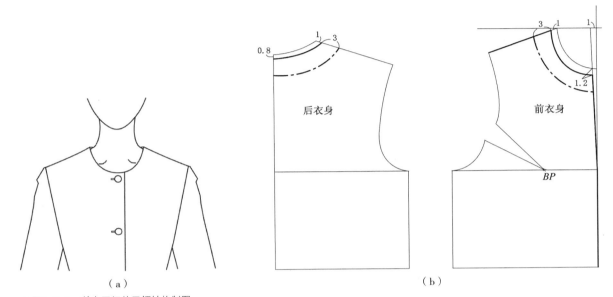

后衣身　　（a）　　（b）　　前衣身　　BP

▲ 图5-2-1　前有开门的无领结构制图

2. 前无开门的无领结构

（1）一字领　此类款式因无法做撇胸处理，要去掉前、后中心处的多余量，可有以下几种途径。

①如图5-2-2所示，把后横开领开大，使后横开领大于前横开领0.5~1cm。

②在前中心处做缩缝处理。

③为了成衣后衣片达到伏帖、美观的穿着效果，拉链止口最好设于后贴边中心下端，因为是一字领，领开口较大，不存在穿脱不便的问题。

制图要点　一字领纸样设计主要变化横开领，可将前领口做得浅些，为达到前领口成为一条直线的目的，前领口一般在基础领口上上提1cm的位置，在前片的肩斜线分割1.5~2.5cm给后片，这样就不会出现领口开出后不在肩缝上的视错觉现象。

制图步骤：

①前领口在前中心处上提0.5~1cm，前横开领开大7.5cm，后横开领开大8cm，前、后横开领相差0.5cm。后中心处下落3cm，用圆顺的线条画出一字领的前、后领口弧线，见图5-2-3。

②前、后肩端点下2cm进行肩缝的分割，将分割掉的部分移到后片相对应部位拼合，使前、后肩缝相等，画顺后片袖窿弧线，将多余部分去掉，确定拉链的位置。

③如图5-2-4所示将样板进行修正。

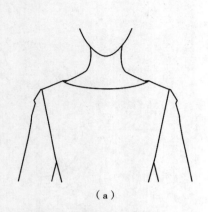

（a）

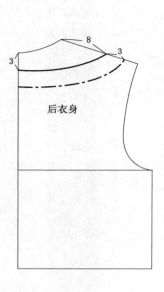

后衣身

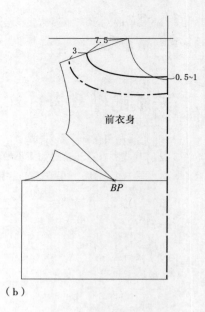

前衣身

（b）

▲图5-2-2　一字领结构制图1

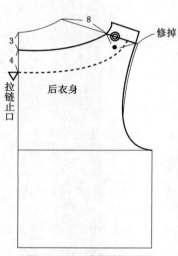

拉链止口

后衣身

修掉

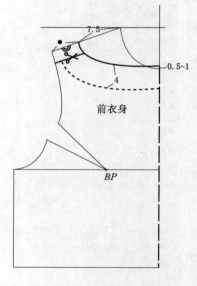

前衣身

▲图5-2-3　一字领结构制图2

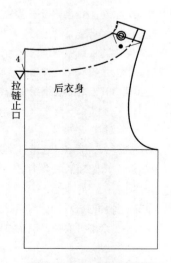

拉链止口

后衣身

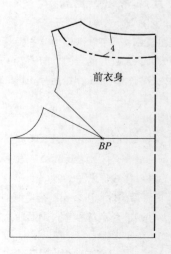

前衣身

▲图5-2-4　一字领的样板修正

（2）U形领　U形领口属于低领口，领口宽度、领口深度可依款式进行变化，在原型衣身纸样基础之上，将前领口挖深呈U字形状，前、后领口要求对接圆顺，将U形领的横开领加宽，会使前片领口出现浮起的多余面料，在进行纸样设计时，需要将多余的部分去掉。

制图步骤：

① 如图5-2-5所示，将前横开领开大1.5cm，前领口挖深7.5cm，后横开领开大2cm，画出前后领口形状。

② 如图5-2-6所示，画出前、后领口形状，画出前、后领口的贴边线，为了防止成衣后前、后领口出现外张的现象，还需如图5-2-7所示，预先将贴边的样板进行修正。

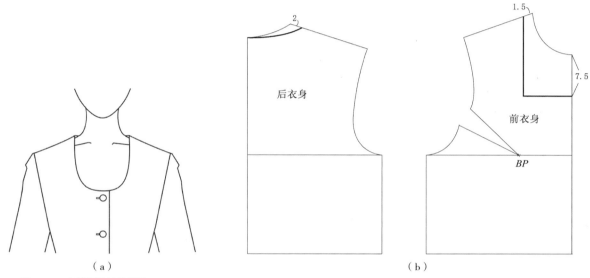

▲ 图5-2-5　U形领的结构制图1

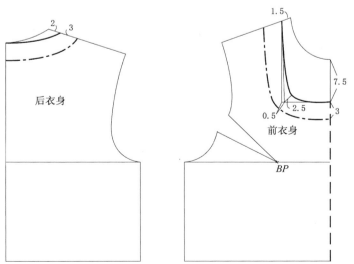

▲ 图5-2-6　U形领的结构制图2

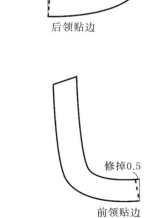

▲ 图5-2-7　U形领的贴边修正

（3）心形领　心形领同U形领一样也属于低领口，如图5-2-8所示，也是在原型样板的基础上，将前领口根据款式挖深呈心形，因此U形领的制图要点同样适用于心形领，在制图结束后也需对贴边的样板进行修正，如图5-2-9所示。

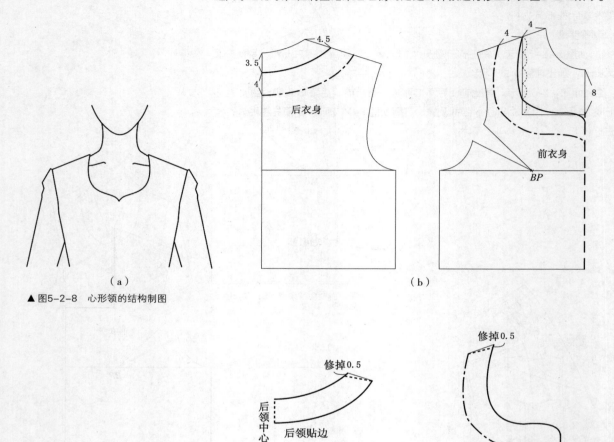

▲ 图5-2-8　心形领的结构制图

▲ 图5-2-9　心形领的贴边修正

第三节　立领的结构设计

一、立领的结构设计分析

立领造型简单，实用性较强，是没有翻领部分的领型，由领口和领子两部分组成，两者之间的配合是立领结构设计的重要研究内容。领型变化的关键因素是装领线的弧线。根据人体颈部上细下粗的造型，装领线必须上翘（某些特殊款式除外），决定立领造型的关键因素是起翘量的大小，领口弧线所开深度越大，起翘量越大，见图5-3-1。

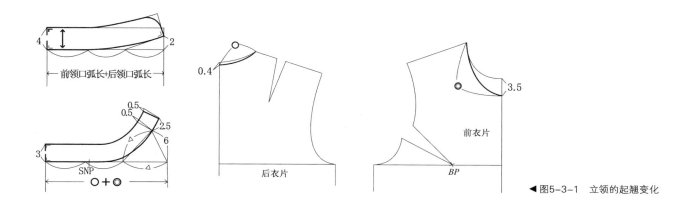

◀ 图5-3-1　立领的起翘变化

二、立领的结构设计实例分析

1. 学生装领

学生装领是较为传统的一种立领领型，比较贴合脖颈，可直接使用原型的领口线，一般采用1.5～2.5cm的起翘量，如图5-3-2所示。

2. 直条式立领

此类立领由于装领线为直线，领子着装后会出现稍向后倾斜的效果，因此需要对衣身领口进行修正，如图5-3-3所示，需将后领口深度略微减小些，这种领子没有起翘量。

3. 倒梯式立领

这种领子的起翘称为倒起翘，根据领上口的大小，倒起翘量也有所不同。起翘量越大，上领口越大，可依据款式需求来调节起翘量，如图5-3-4所示。

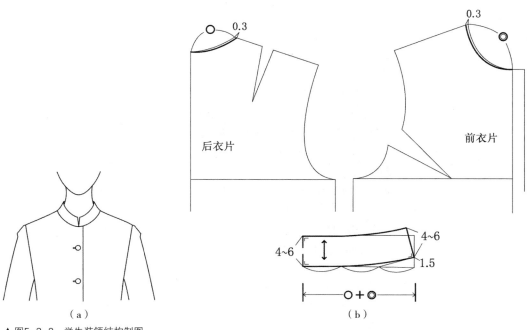

（a）　　　　　　　　　　（b）

▲ 图5-3-2　学生装领结构制图

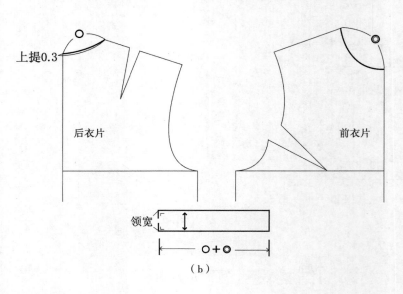

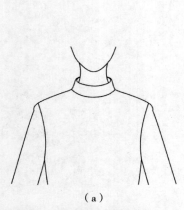

▲ 图5-3-3 直条式立领结构制图

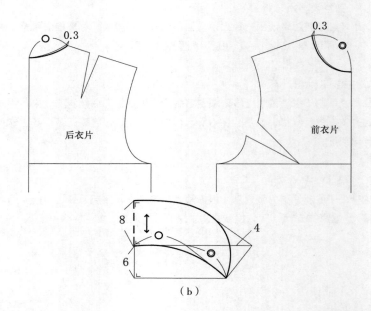

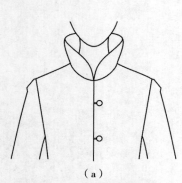

▲ 图5-3-4 倒梯式立领结构制图

4. 连身立领

领座部分与衣身整体或部分相连，既有立领的造型特征，又有与衣身相连后形成的独特风格。可分为不收省的连身立领与收省的连身立领。

（1）不收省的连身立领

制图方法：

① 前后领开大1cm，如图5-3-5所示，在前后衣片上直接画出前后领外口线。

② 做出基础领线后，还需如图5-3-6所示，对领型和肩线进行修正。

（2）收省的连身立领

1）后衣片制图要点：

① 后横开领开大0.7cm，画出领口线，依面料与款式需要，可加入垫肩量。

② 在后中心垂直向上取3cm的高领宽度，在颈侧点垂直向上取3cm的高领宽度，向后中心方向偏移1cm，画出高领线。

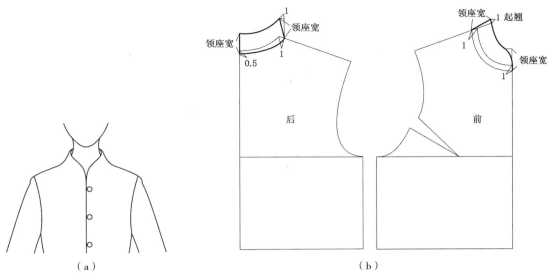

▲图5-3-5　不收省的连身衣领结构制图1

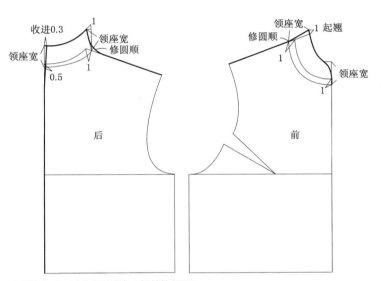

▲图5-3-6　不收省的连身立领结构制图2

③ 移动后片肩省，画出领口省。

2）前衣片制图要点：

① 将横开领开大0.7cm，前中心直开领开大2cm，画出领口线，依面料与款式需要，如果后片加入垫肩量，则前片也需相应加入垫肩量。

② 在前中心垂直向上取3cm的高领宽度，在肩线延长，从颈侧点取3cm的高领宽度，向上抬高1cm，连接肩线。

③ 如图5-3-7所示，圆顺画出高领线。

④ 转移袖窿省的2/3到前领口，画出前领口省，领口省的省尖点缩短5cm。合并后肩省至后领口形成后领省，圆顺肩线，如图5-3-8所示。

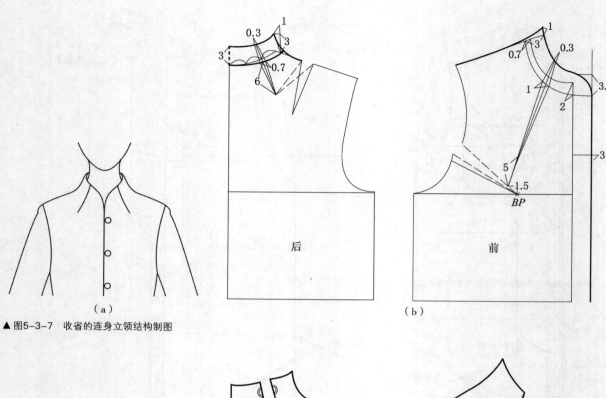

（a）

▲图5-3-7　收省的连身立领结构制图

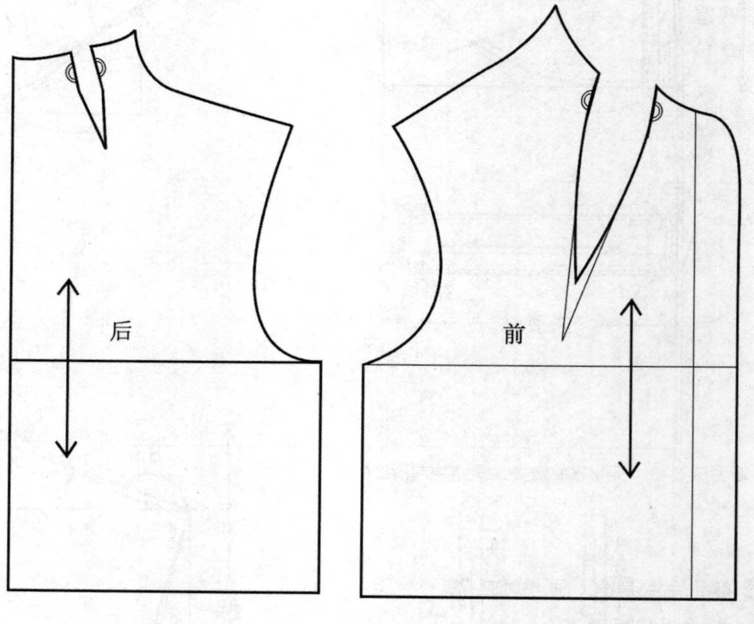

（b）

▶图5-3-8　合并展开图

第四节　翻立领的结构设计

　　翻立领是由立领作领座，翻领作领面组合构成的领子，如衬衫领、中山装领都属于翻立领，根据领座和翻领的结构关系，可分为分体结构和连体结构两种领型。

一、翻立领的分体结构

翻立领的分体结构是指领身分领座和翻领两部分，这两部分是分离的，是依靠缝合而相连的衣领。翻领的领尖宽度与角度多随着流行而进行变化，领子造型较庄重，如男式衬衫领是分体结构的标准形式。

1. 翻立领的分体结构设计分析

由于分体结构和人体的颈部结构较为贴合，而且翻领要翻贴在领座上，这就要求领座上弯，翻领下弯，翻领的外领口弧线大于领座底领口线而翻贴在领座上，同时为了防止领座的装领线外露，翻领的宽度需要比领座稍宽些，领座宽度多较稳定，一般取值3～3.5cm，根据面料的厚薄，翻领宽度大于领座宽度1～1.5cm。

领子的下落量与领座、翻领的关系：当领座宽和翻领宽之间的差值越大，下落量就变得越大。还有一点需要注意，如果领座与衣身领口缝合时前中心处下落量较大，那么领下落量也要随之增大。

2. 翻立领的分体结构设计

（1）带领座的衬衫领，见图5-4-1。

制图步骤：

① 在原型衣身分别测量前、后领口弧线长，为避免领子卡住脖子，前领深可适当加深，确定搭门宽度1.5cm，见图5-4-2。

② 画一条水平线，长度为前、后领口弧长，将这条线3等分，画这条线的垂线。如图5-4-3所示画起翘线，过起翘点与1/3点连圆滑的弧线，使这条弧线的长度等于前、后领口弧长，确定点a，过a点画垂线为前中心线，定点b，ab=2.5cm，过点b左量0.3cm，定点c，过c点向后领中心画垂线，并确定后领座宽为3cm，延长a点确定搭门宽度1.5cm，画ac的平行线。

③ 从后领座沿垂直线向上量取d=3～3.5cm，d的数值由两部分来控制，一部分是翻领的下落量，另一部分是领座的起翘量，如果起翘量越大，d的数值就越大，如果翻领宽和领座宽的差值越大，d的数值就越大。确定翻领宽，过c点向上

▲ 图5-4-1　带领座的衬衫领款式图

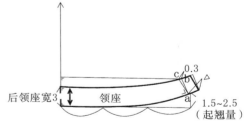

▲ 图5-4-3　带领座的衬衫领座结构制图

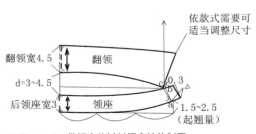

▲ 图5-4-4　带领座的衬衫领座结构制图

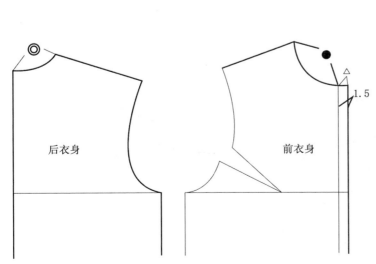

▲ 图5-4-2　带领座的衬衫领基础线绘制

画垂直线，用圆滑的弧线画出翻领底领口线，依款式造型设计需要，画出翻领外领口线，见图5-4-4。

纸样修正：

由于翻领与领座要缝合在一起，所以需要预先对纸样进行修正，如图5-4-5所示，分别测量翻领与领座接合线的长度，并将多余部分去掉。

（2）拿破仑领

如图5-4-6所示，拿破仑领常用于风衣、大衣的翻立领。与带领座的衬衫领相比，加大了领座上围差，同时相应增加了领子的起翘量，加大了翻领的宽度和弧度，使其立领和翻领的造型达到较佳的外观效果，见图5-4-7。

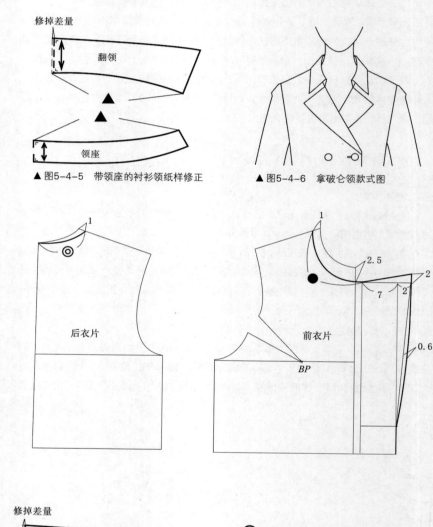

▲ 图5-4-5　带领座的衬衫领纸样修正　　　▲ 图5-4-6　拿破仑领款式图

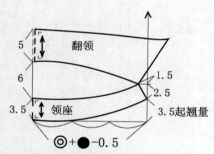

▲ 图5-4-7　拿破仑领结构制图

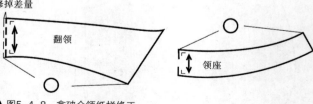

▲ 图5-4-8　拿破仑领纸样修正

最后的纸样修正：同带领座的衬衫领，如图5-4-8所示。

二、翻立领的连体结构

翻立领的连体结构是一种较基础、常用的领型，从衬衫到外套大衣，里外各层服装都可以用，也是由领座和翻领组合构成的领子，只是将领座和翻领连成一体，达到简化工艺或者符合款式造型设计的需要，领子造型较为伏帖，翻折自如，常用于宽松的便装设计。

衬衫领的制图步骤与方法：

（1）如图5-4-9所示，在原型领口上画出领子的基准样。

（2）画两条基础垂直线，沿垂直线向上取后领座和后翻领宽，在水平线上取前、后领口弧长，画出领的形状，剪开领外口补充不足量，如图5-4-10所示。

（3）用圆滑的曲线画出补充后领的造型，如图5-4-11所示。

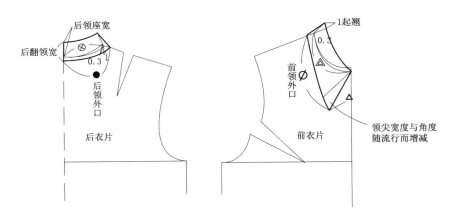

◀图5-4-9　衬衫领基础结构制图

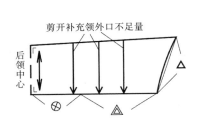

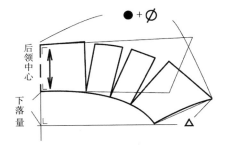

◀图5-4-10　衬衫领展开

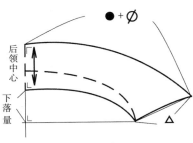

▲图5-4-11　衬衫领完成图

第五节　平翻领的结构设计

平翻领是底领量（领座）很少或没有，平铺在肩部的领型。它的变化主要是靠外在的造型设计，根据外领口线的形状和长度的不同，有很多变化。由于底领很小，颈部活动自如，因此，平翻领多用在便装和夏装中，如平领、海军领、披肩领、荷叶领及多种变化的平翻领。

一、平翻领的结构设计分析

利用原型衣身纸样的领口弧线制图，平翻领的结构设计可达到更好的表现效果，制图时，沿衣身领口弧线向内0.5cm形成装领线，加上受面料厚度等因素的影响，在衣身的后领中心会形成约0.5cm的领座，而前面则几乎没有领座。如果想增加领座量，有两种方法：一种是减少领外口弧线的尺寸；另一种是通过调节前、后衣片纸样肩部重叠量的方法，利用前、后衣片纸样肩部重叠量的大小来把握领底线的曲度。重叠量越大，领座越大，领外口线越短，反之，领座就越小。如果想减小领座量，也用这两种方法：一种是打开领外口线追加领外口线的长度；另一种是减小前、后衣片纸样肩部重叠量，使领子在外口处呈波浪形。

前、后衣片纸样肩部重叠量大小的确定：在平翻领的制图当中，通常使用原型前、后衣片纸样肩部重叠的方法，领座的大小是由前、后衣片肩部重叠量来决定的。一般情况下，前、后衣片纸样肩部重叠量为前肩线长度的1/3时，领座高约0.5cm；1/2时，领座高约1cm；1：1相等时，领座高约1.5cm，领座再高就失去了平翻领的特点，也就不能称之为平翻领。

二、平翻领的结构设计实例分析

1. 平领，见图5-5-1
平领的结构制图方法：

（1）前、后衣片纸样肩部以颈侧点（SNP）为基点重合，重叠量为前肩宽的1/4，约3cm，领座高约1.2cm。

（2）后领中心颈侧点处沿衣身领口弧线向内形成0.5cm的底领领座，为了使前领在装领至点处达到稍微立起的效果，前领装领至点向外0.5cm，使装领线的弧度小于衣身领口弧度，将这几个点用圆滑的弧线连接，依款式造型需要，画出外领口线，见图5-5-2。

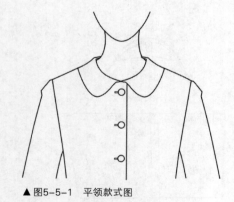

▲ 图5-5-1　平领款式图

2. 海军领
海军领也叫水兵领，底领较低，是平翻领的一种，见图5-5-3，领不宜过分贴肩，所以，前、后衣片纸样肩部重叠量较少，领口呈V字形，领子覆盖在肩部，在后面呈四方形垂下，在纸样设计上，前、后衣片的颈侧点重合，肩部重叠1.5cm，此时的底领高度为0.7cm左右。按设计要求，将衣身领口修成V字形，以此为基础画出海军领型。V字形领口的开口深度可自由设定，或依照款式造型需要而定。

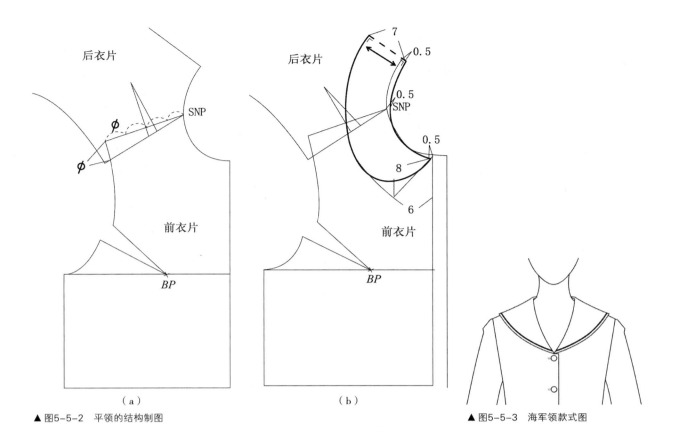

▲ 图5-5-2　平领的结构制图

▲ 图5-5-3　海军领款式图

海军领的结构制图方法：

（1）按设计要求，将领口修成V字形，以此为基础画出海军领型。

（2）前、后衣身纸样的肩部以颈侧点为基点重合，重叠量为1.5cm，此时的底领高度为0.7cm左右，颈侧点向内0.5cm。用圆滑的曲线画好装领线，依款式造型需要，画出海军领的外领口造型，见图5-5-4。

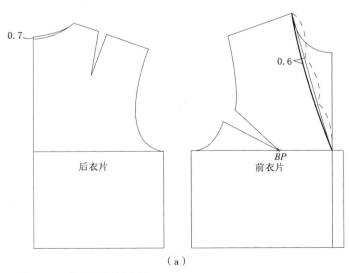

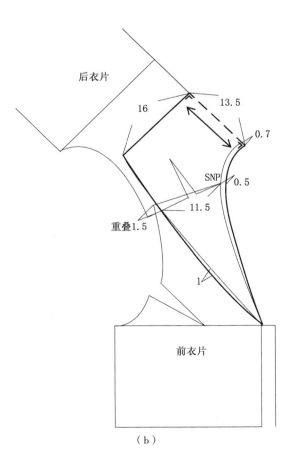

▲ 图5-5-4　海军领的结构制图

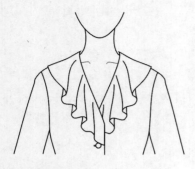

▲图5-5-5 A款

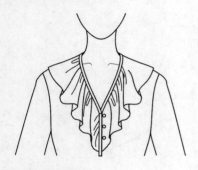

▲图5-5-6 B款

3. 荷叶边领

荷叶边领的纸样设计是通过将领外口打开追加领外口线的长度，使领子在外口处呈波浪形的平翻领，特点为完全没有底领，这种领型通常起到装饰作用，大多选择透明面料或柔软而有弹性的面料，荷叶边领的变化非常丰富，但大致可分为两种基本款式，一种是领口一侧没有褶量的纸样设计A款，见图5-5-5，一种是领口一侧有褶量的纸样设计B款，见图5-5-6。

荷叶边领A款的结构设计：由于荷叶领的结构是将领外口加大，可以将前、后衣片肩线合并使用，当造型需要有意加大领的外口使其呈现波浪褶时，装领线的弯曲度必须远远超过衣身领口的弯曲度，促使外领口增大，方法是通过切展使装领线加大弯曲度，增加领外口长度，缝制时，装领线还原到领口弧线，使外领口线出现波浪褶皱。在处理纸样时，为了均匀分配波浪褶，可采用平均切展的方法完成，波浪褶的多少取决于装领线弯曲的程度。

（1）荷叶边领A款的结构制图，见图5-5-7。

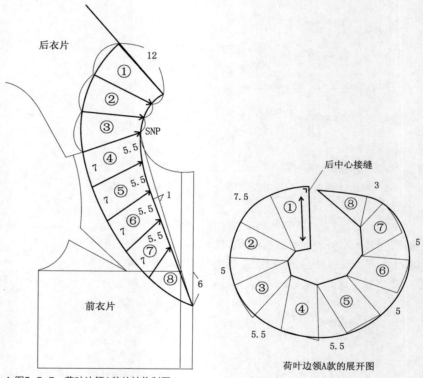

▲图5-5-7 荷叶边领A款的结构制图

荷叶边领A款的展开图

（2）荷叶边领B款的结构制图，见图5-5-8。

展开说明：展开时平均分布展开量，注意展开后领尖点不要超过前中心线，最好距前中心有1cm的距离，以便领片对折。

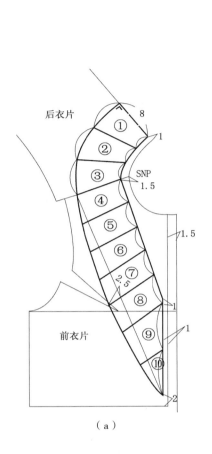

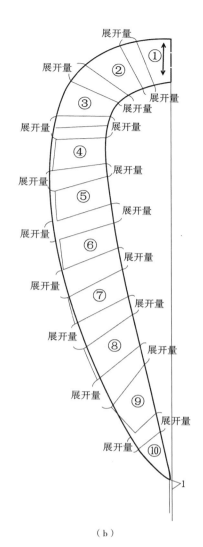

（a）　　　　　　　　　　　　　　　（b）　　　　◀图5-5-8　荷叶边领B款的结构制图

第六节　翻驳领的结构设计

翻驳领类领型是以西装领结构作为基础，由驳领和翻领组合而成，这种领型的结构具有所有领型结构的综合特点，所以是领型中结构最复杂的一种，应用非常广泛，领型变化极为丰富。

一、翻驳领倒伏量的设计分析

倒伏量是翻驳领特有的结构，倒伏量的设计对整个领型结构产生影响。由于翻驳领是由作为衣身一部分的驳头和翻领共同构成的领型，翻领领面与肩胸部要达到伏贴的效果，就必须将领底线向下弯曲，从而产生了倒伏量。为了达到翻领与领口在结构中组合正确，需要借用前衣片的纸样进行设计，翻领底线呈立起状态，当领面加大时，翻领底线向肩部方向倒伏。

1. 影响倒伏量大小的因素

（1）倒伏的大小由装领线和领外口的尺寸差来决定，对于宽度一定的底领来说，翻领越宽，倒伏量就越大。

（2）翻折止口点与倒伏量的关系：倒伏量受翻折止口点高低的影响，翻折止口点越高，开领越小，翻折线斜度越大，倒伏量就越大。

（3）面料材质对倒伏量的影响：由于各种面料的性能不同，不同面料倒伏量的大小也不同，弹性较大的天然织物或粗纺织物，倒伏量可小一些；伸缩性较小的纺织物，倒伏量可适当加大。

在实际的翻驳领纸样设计中，设计者要根据装领线和领外口的尺寸差、翻折止口点的高低、面料的性能、领子的造型等综合因素来确定倒伏量的大小。

2. 倒伏量大小的确定

倒伏量大小的确定，可以说是控制整个翻驳领纸样设计的关键，为了确保翻驳领能够圆顺翻折，通常情况下，当单排扣的翻折止口点高于原型胸围线与腰围线的1/2处，双排扣的翻折止口点高于腰围线时，倒伏量为3.5cm；当翻驳领的后领宽尺寸由于设计造型的需要宽于6cm时，那么，后领宽每加宽1cm，倒伏量增加0.5cm。

二、翻驳领结构设计

1. 西装领（图5-6-1）结构制图步骤与方法

西装领结构制图可以有两种方法：

（1）西装领结构制图A，见图5-6-2至图5-6-7。

① 前衣片袖窿胸省转至前中心0.7cm，作为撇胸量。前、后横开领各开大0.5cm，后衣片预先画出领子的形状，画出新的后领口弧线和后领外口弧线。

② 从前片颈侧点向下3cm，确定底领尺寸，确定前底领宽，确定驳头的翻折止口点，连接翻折线，根据造型需要，在翻折线内侧，画出驳头和领子的形状。根据驳头及领尖的形状不同，有平驳头和枪驳头之分。此款为平驳头。

③ 以翻折线为对称轴翻转，画出对称的领型，延长串口线。

④ 延长翻折线，前、后领在颈侧点对合，过A点画翻折线的平行线，在平行线上取后领口尺寸，画出后领座与后翻领宽。

▲ 图5-6-1　西装领款式图

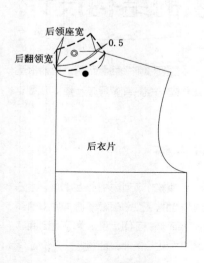

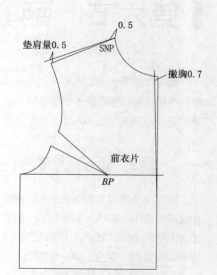

▲ 图5-6-2　西装领结构制图A 1

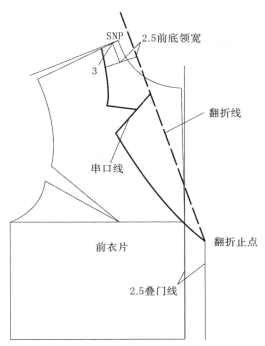

▲ 图5-6-3　西装领结构制图A 2

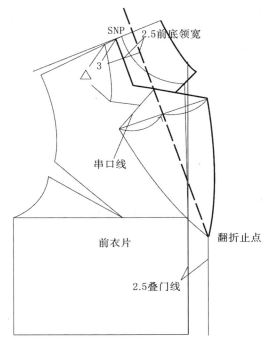

▲ 图5-6-4　西装领结构制图A 3

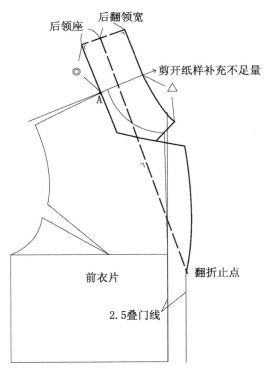

▲ 图5-6-5　西装领结构制图A 4

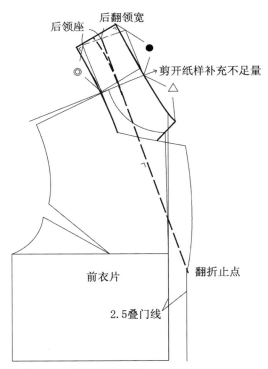

▲ 图5-6-6　西装领结构制图A 5

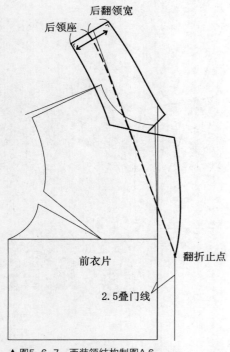

▲ 图5-6-7　西装领结构制图A 6

⑤ 在肩部剪开纸样，压住颈侧点，展开外领口到所需的尺寸。为满足领外口线所必需的尺寸，在肩部打开领子纸样时，多数情况下可以沿颈侧点打开，但为了达到更好的效果，也可以将剪切线稍向前移后再少量打开。

⑥ 用圆顺的线条连接前后领，完成领的造型。

（2）西装领结构制图B，见图5-6-8至图5-6-11。

① 前衣片撇胸0.7cm，前、后横开领各开大0.5cm。

② 如图5-6-9所示，将原型前领口3等分，过1/3点画一条与肩线平行的线为前底领宽，确定点a位置，过a点确定前底领宽ab=2.5cm。确定翻折止口点位置，该点随流行的影响可上下变动。bc连接直线为翻折线，前肩端3cm处定点d，前领口向下4.5cm定点e，de连直线为串口线。

③ 如图5-6-10所示，确定驳头宽，从串口线向翻折线做垂线，长度为7.5cm，从颈侧点向上画一条与翻折线平行的线，长度为后领口尺寸，即后绱领线，确定3cm的倒伏量。

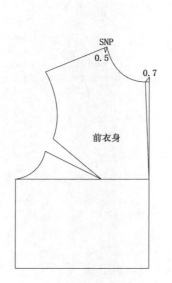

▶ 图5-6-8　西装领结构制图B 1

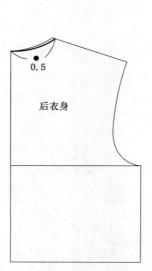

▶ 图5-6-9　西装领结构制图B 2

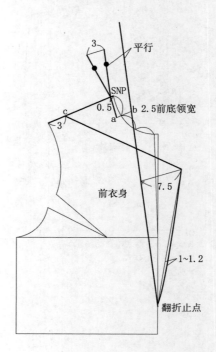

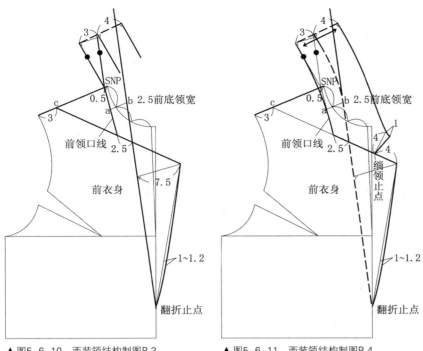

▲ 图5-6-10 西装领结构制图B 3　　　　▲ 图5-6-11 西装领结构制图B 4

④ 如图5-6-11所示，在后中心线上画出后领座宽与后翻领宽，与倒伏后的后绱领线做垂直线，直角必须准确画出。从串口线向斜上方取2.5cm的点，与颈侧点连线，画出前领口线。

⑤ 确定绱领止点，从驳头领尖点沿串口线取4cm，过4cm点向上方画垂线，取长度4cm为前领宽，向下1cm确定翻领领角，最后用圆顺的曲线流畅地连接前后领。

2. 青果领的结构设计

（1）青果领，见图5-6-12。

青果领在结构上属于西装领类型，但在驳头处没有领嘴缺口，采用领面与衣身贴边连裁的结构来制作。

制图要点：首先在原型基础上绘制西装领纸样，与西装领一样，根据底领立起量的多少绘制翻折线，后领座和后翻领尺寸的差值越大，领子的倒伏量就越大，见图5-6-13。

（2）青果领的变化款式——燕子领的结构制图，见图5-6-15。

燕子领也是翻驳领中的一种较为经典的领型，外领口线的设计可以变化多样，上、下驳领连为一体，领片宽度可加以变化设计，领里可以与前片连为一片，也可以分割裁剪，但领面与贴边必须连裁，见图5-6-14。

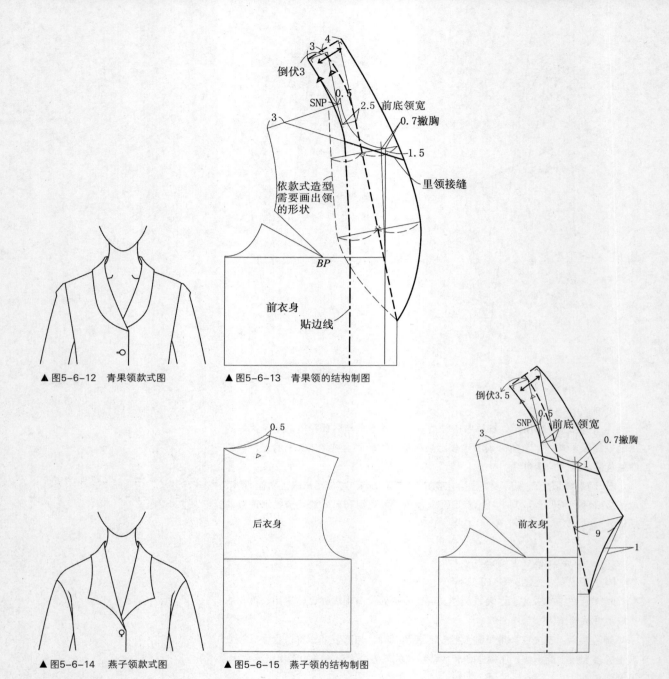

▲图5-6-12 青果领款式图　　▲图5-6-13 青果领的结构制图

▲图5-6-14 燕子领款式图　　▲图5-6-15 燕子领的结构制图

第六章

女衬衣结构设计

衬衣是上衣结构中的基本组成部分，女性上衣开始像男装一样与下装区分开来，具有清晰的设计结构和外型轮廓始于19世纪中期。最初，上衣还不能作为正式服装穿着，但随着女性越来越多地走入社会，上衣的适穿面越来越广，作为其重要组成部分的衬衣的设计同样也越来越多样化。

现今，由于生活水平的提高，人们的生活情趣和社会形态的改变，突出个性、展现自我的愿望成为了服装流行的主宰，因此衬衣在穿着场合的限制不再明显，款式也日益丰富。

▌第一节　女衬衣的名称及分类

衬衣的穿着范围很广，既可作为正式的服装外穿，也可内穿，外配背心、毛衣、西装、大衣等。根据造型、衣长、领型、袖型、材料、装饰细节及用途等不同变化，可进行分类，每种款式根据出发点的不同，就会有不同的名称。

一、根据衣身的外部轮廓造型可分为H型、A型、X型、T型，在这四种形态中根据着装时的外轮廓、细节的处理又可进行进一步的分类。

1. H型
H型的衬衣胸围、臀围松紧度适中，不收腰或仅有少量收腰，呈较宽松的箱状外型。此造型适用于罩衫式女衬衫、仿男式女衬衫等休闲类款式。

2. A型
A型衬衫的特征是肩部较窄，贴合肩部曲面，从胸部或胸下开始往臀围方向逐渐加大宽松量，整体造型呈A型。这种造型宽松量的处理较自由，多为裙式下摆，不计臀围。

3. X型
X型是最能体现女性魅力的合体收腰式服装造型，特征是胸部立体，腰部收省较多，与宽松的臀部形成鲜明的反差，塑身效果明显，对体型要求也较高。

4. T型
T型服装胸围的宽松量较大，肩部很平、很宽，较为夸张，不收腰，臀部收小，整体造型呈倒梯形。穿着舒适宽松，适穿面广，对体型的要求不高，适合设计成休闲装、运动服类的便装。

二、根据款式的重要细节部位进行名称的细分

衬衣除了按形态、造型进行划分外，还可以根据衣领与袖子的不同款式等细节进行区分，因此每种款式根据出发点的不同，会有不同的名称。

（1）按领型的变化可分为翻领衬衫、立领衬衫、连立领衬衫、坦领衬衫、海军领衬衫、荷叶边领衬衫、荡领衬衫等。

（2）按袖型的变化可分为泡泡袖衬衫、荷叶边袖衬衫、连袖衬衫等。

第二节　女衬衣的结构设计

一、男式衬衣

1. 款式风格

这是仿男式的女衬衫款式，较为宽松，具有一定的落肩量。肩部的育克、翻立领、带明线装饰的口袋和前门襟，这些细节的设计具有男性化的特征，女性穿着后有着别样的风情，见图6-2-1。

2. 面料

选用范围较广，可选用棉、麻等薄型面料。

3. 成品规格

号型：160/84A

单位：cm

部位	胸围	后衣长	袖克夫	肩袖长
尺寸	105	74	22	73

4. 男式衬衣作图要点，见图6-2-2

（1）前后胸围加入松量，因为是宽松造型，所以加入松量较多。

▲ 图6-2-1　男式衬衣款式图

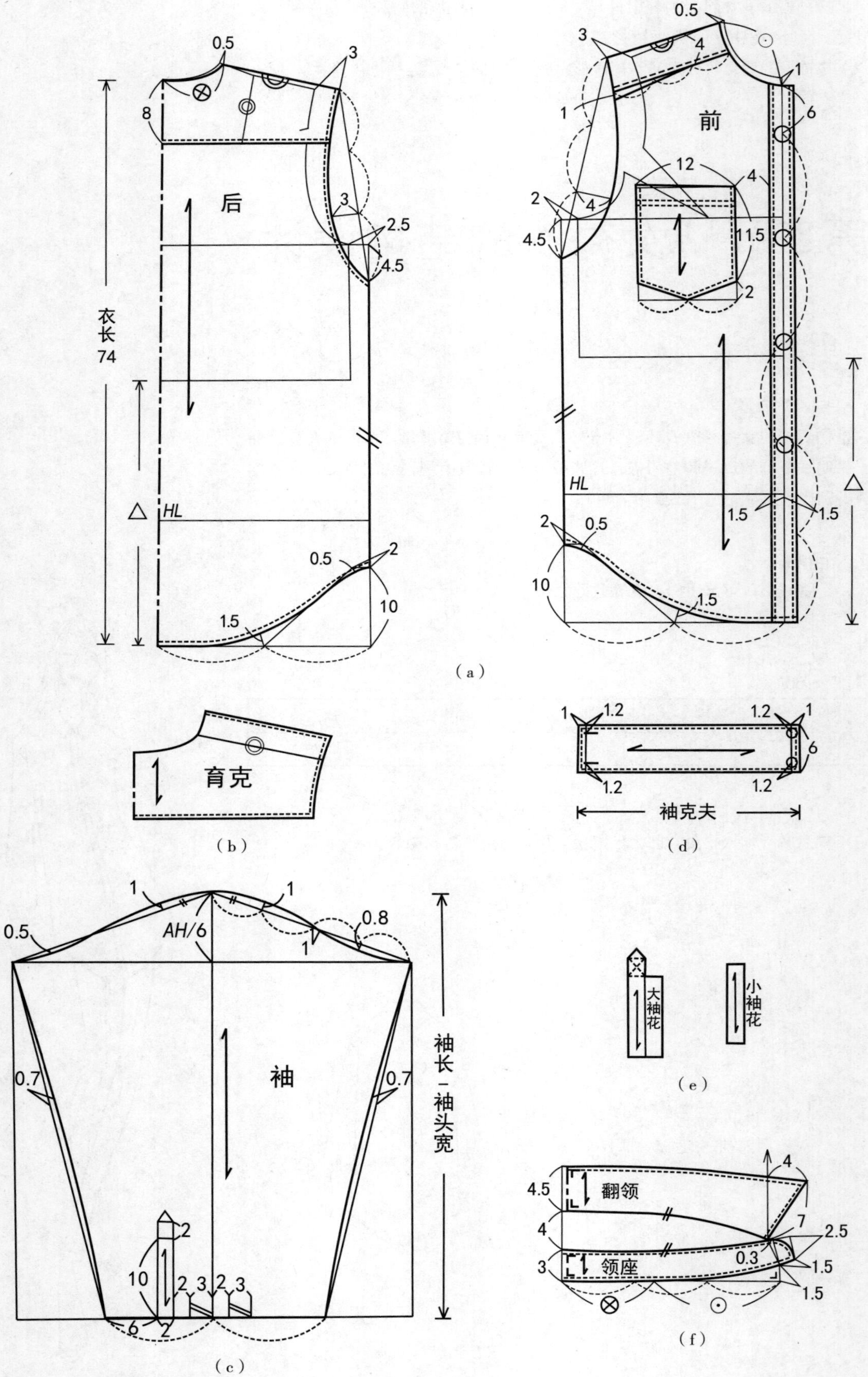

后

衣长 74

育克

（b）

HL

0.5

1.5

10

2

（a）

前

12

11.5

HL

1.5

1.5

10

0.5

1.5

袖克夫

（d）

AH/6

0.5

0.8

0.7

0.7

袖

袖长－袖头宽

10

2　3　2　3

6　2

（c）

大袖花

小袖花

（e）

翻领

领座

4.5

4

3

4

7

2.5

0.3

1.5

1.5

（f）

▲图6-2-2　男式衬衫结构制图

（2）肩部的育克因为要前后拼接，所以前后肩宽要相等，没有缝缩量，肩省的2/3量转移至袖窿作为袖窿松量，1/3量在育克分割线处收掉。

（3）因为是落肩式宽松袖，落肩多在3~6cm，落肩冲抵了部分袖山和袖长，因此，袖山很低，袖肥较大，袖山高尺寸多用公式$AH/6$或$AH/7$来计算，袖长要去掉落肩量。

（4）袖窿弧线的弧度不大，因此结构制图时要注意肩部的圆顺，同时，由于在衣身片的袖窿处有明线，袖山缝份需要倒向衣身，所以袖窿弧线基本上不带缩缝量，平缝即可。

（5）在领子的结构制图中，为了使领座前端与衣身的止口能够顺畅地连接，需要将领座前中心的直角线向后倾斜0.3cm；同时，为了盖住绱领线，翻领应比领座宽1cm左右，制图结束后，还需要核量一下翻领与领座相连接时的两条曲线长度是否相等，多余的量应从翻领的后中心处去掉。

二、短袖衬衫

1. 款式风格

这是一款经典的短袖衬衫款式，前胸的褶皱设计和立体的塑肩设计是本款的特点，整体造型优美，充满女性气息，不拘泥于流行，穿用范围较广，见图6-2-3。

2. 面料

可选用棉、麻、涤等薄型面料。

3. 成品规格

号型：160/84A

单位：cm

部位	胸围	腰围	衣长	肩宽	袖口	袖长
尺寸	90	76	53	38	15	17.5

4. 结构制图，见图6-2-4

（1）原型省道处理：

① 后片：肩省的2/3分散到袖窿，剩下省量为缩缝量。

② 前片：保持前后袖窿的平衡不变，将胸省的1/4作为袖窿松量分散在袖窿处，剩余省量转至腋下。

（2）作图要点：

① 因为是较合体造型，所以胸围采用原型的胸围松量。

② 依据款式设定前后领口、肩线，因为要塑造肩部造型，所以需要设定借肩量2~2.5cm。

③ 设计切展线，作出所需褶量。其中靠近BP点的两条切展线展开的量由腋下省转入，对应到前袖窿的切展线打开的量依据款式的需要设定。

④ 袖山高为前后平均肩高的4/5。

⑤ 用原型袖的制图方法制作基本袖。

⑥ 将袖窿切下的借肩量贴合于前后袖山弧线上，再将袖山上抬1~1.5cm作为肩头转折量。前后袖山在G点自然向上追加0.5cm的量，将袖山画顺，做出塑型褶位。

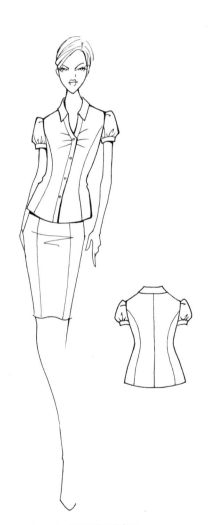

▲ 图6-2-3 短袖衬衫款式图

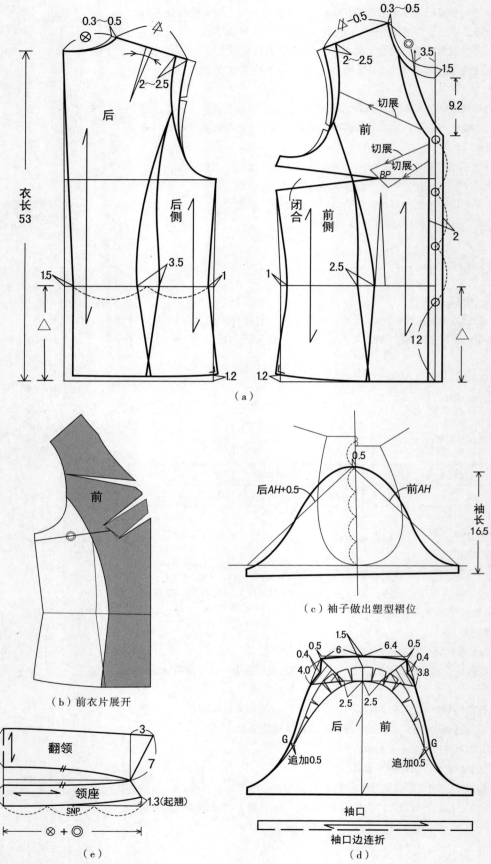

后

衣长
53

0.3~0.5

2~2.5

后侧

3.5

1.5

1

1.2

0.3~0.5

2~2.5

3.5

1.5

切展

前

切展

切展

BP

9.2

闭合

前侧

1

2.5

2

12

1.2

（a）

（b）前衣片展开

前

后AH+0.5

0.5

前AH

袖长
16.5

（c）袖子做出塑型褶位

翻领

5

3

7

领座

3

1.3（起翘）

SNP

⊗ + ◎

（e）

1.5

0.5

6

6.4

0.5

0.4

0.4

4.0

3.8

2.5

2.5

后

前

G

G

追加0.5

追加0.5

袖口

袖口边连折

（d）

▲ 图6-2-4　短袖衬衫结构制图

三、抽褶衬衫

1. 款式风格

合体衬衫款式，此款面料采用较薄有弹性的印花涤料，可搭配素色或蕾丝面料加以装饰，具有时尚感 。穿着舒适大方，穿用范围较广。此款由于面料有一定的弹性，所以要考虑面料性能对样板的影响，在规格设定上尺寸不宜过大，尤其在肩宽、胸围尺寸的设计上更要注意面料的影响，见图6-2-5。

2. 面料

宜采用较薄有弹性的印花涤料。

3. 成品规格

号型：160/84A
单位：cm

部位	胸围	腰围	衣长	肩宽	袖长
尺寸	92	76	55	37.5	59

4. 结构制图，见图6-2-6

（1）原型省道处理：

① 后片：肩省的1/3分散到领口，余量保留0.5cm缩缝量，其余全部转移分散到袖窿。

② 前片：保持前后袖窿的平衡不变，将胸省0.5cm作为袖窿松量分散在袖窿处，剩余省量转至腰省。

▲ 图6-2-5　抽褶衬衫款式图

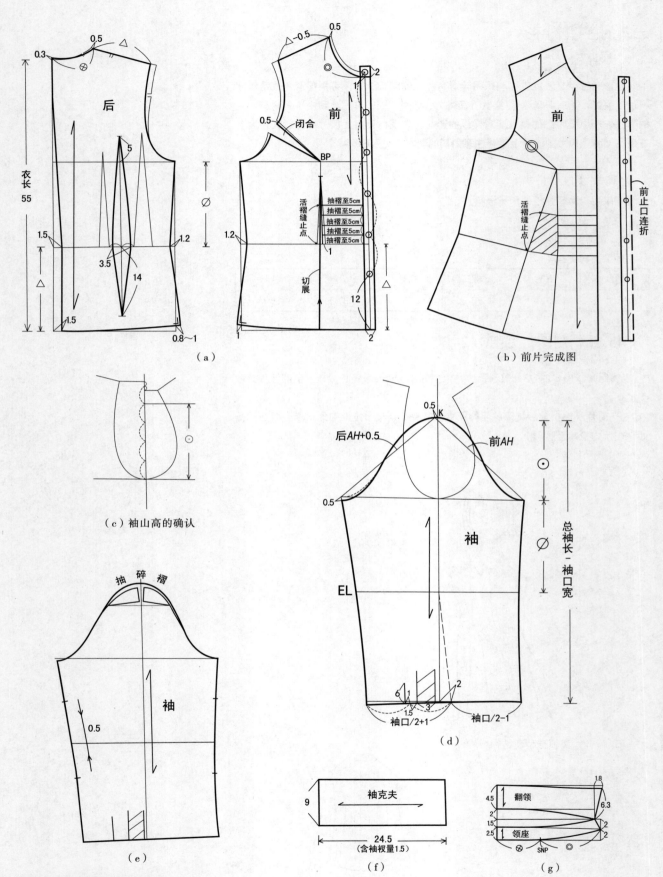

（a）

（b）前片完成图

（c）袖山高的确认

（d）

（e）

（f）

（g）

▲ 图6-2-6 抽褶衬衫结构制图

（2）作图要点：

① 前后横开领分别加大0.5cm,后领中心点上提0.3cm。

② 画前后肩线。

③ 设计腰部切展线及抽缩量，将胸省转为腰部活褶，确定活褶缝止点。

④ 袖子制图：以原型袖的制图方法制作此款袖子。袖子完成后，根据款式需要拉开袖山头，确定抽碎褶量。

⑤ 领子：按衬衫领制图方法制作。

工艺提示：腰部抽褶采用弹力线抽缩。

四、大荡领针织衬衫

1. 款式风格

宽松休闲的衬衫款式，大的造型为倒A型，臀围以上宽松，但臀围处为包臀效果，是时尚感较强的衬衫，特点为大的荡领的设计。为了让荡领的悬垂性更好，前片一般采用斜纱裁剪，若使用弹性较好的针织面料，则可不必斜裁。此款为四面弹针织面料，所以要考虑面料性能对样板的影响，见图6-2-7。

2. 面料

此款面料适合采用柔软的、悬垂感好的面料，宜选用弹性较好的针织面料。

3. 成品规格

号型：160/84A

单位：cm

部位	衣长	臀围	袖长
尺寸	78	88	48

4. 结构制图，见图6-2-8

（1）原型省道处理：

① 后片：将肩省0.8cm的量分散到袖隆。

② 前片：将胸省转至前止口。

（2）作图要点：

① 画出荡领外口设计线。画出前后衣身的切展线。

② 设定前后片基点，基点向上打开，向下交叉合并。注意臀围处的交叉量。作出包臀效果。

③ 袖底弧线上确定a点，连接SP点与a点，依照后袖隆底弧线画出前袖隆底弧线。注意前袖隆底弧线的确认方法。

④ 前片以A点为圆心，AB线为半径画弧，确定衣身袖隆底弧线。

⑤ 设计大荡领造型及结构线。

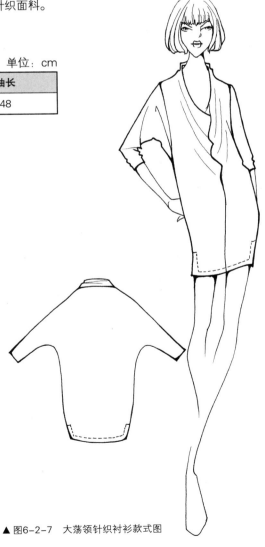

▲ 图6-2-7　大荡领针织衬衫款式图

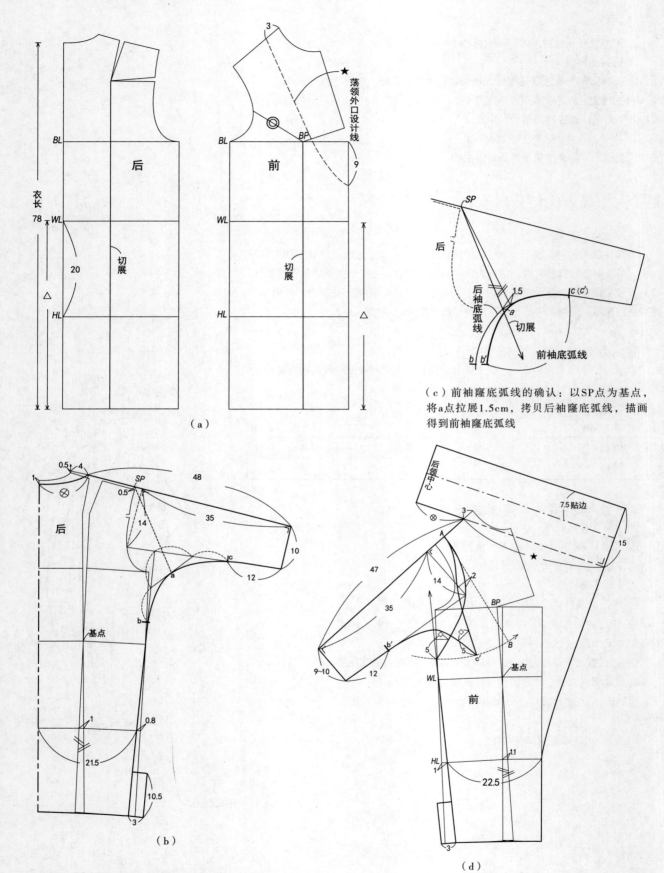

（a）

（b）

（c）前袖隆底弧线的确认：以SP点为基点，将a点拉展1.5cm，拷贝后袖隆底弧线，描画得到前袖隆底弧线

（d）

▲ 图6-2-8　大荡领针织衬衫结构制图

五、休闲无省拉链衬衫

1．款式风格

这是一款休闲的衬衫款式，无省，腰部缉松紧抽褶，前止口亮色金属拉链装饰，充满时尚感，见图6-2-9。

2．面料

可选用棉麻质地或高密度织物，此款以质地松懈的棉麻面料为例制作。

3．成品规格

号型：160/84A

单位：cm

部位	胸围	腰围	衣长	肩宽	袖长
尺寸	100	72（抽褶后）	83	39	58

4．结构制图，见图6-2-10

（1）原型省道处理：

①后片：将肩省0.5cm的量分散到袖窿作为袖窿松量。

②前片：保持前后袖窿的平衡不变，将胸省的1/2作为袖窿松量分散在袖窿处，剩余省量转至前止口。

▲ 图6-2-9　休闲无省拉链衬衫

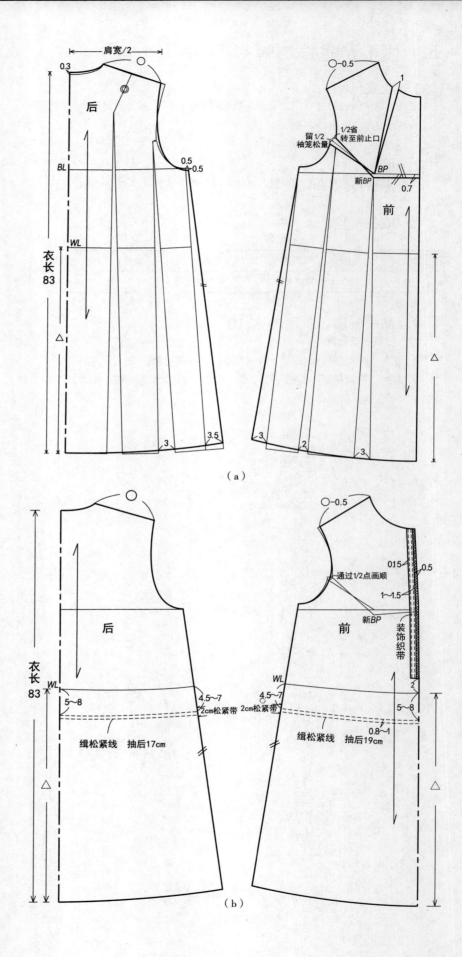

（a）

（b）

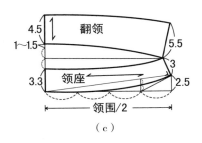

（c）

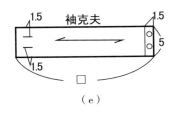

（e）

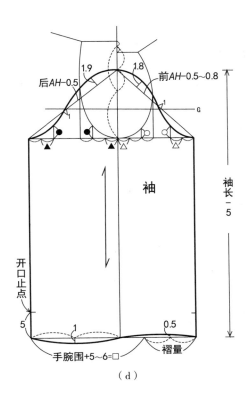

（d）

▲ 图6-2-10 休闲无省拉链衬衫结构制图

（2）作图要点：

① 设定前后肩宽。前片BP点至前中心线的距离平行下落0.7cm，得到新的BP点。

② 设计前后衣片的切展线并打开，设定打开量。

③ 设定前后衣片抽褶位置，前止口装饰织带及拉链位置。

④ 领子的制图：方法同衬衫领制图。

⑤ 袖子的制图：方法同原型袖制图，因为此款前袖窿弧线缉装饰明线，所使用的面料又是较为松懈的棉麻质地，袖山所需缝缩量小，所以前后袖山斜线的取值减小。

女装结构设计与样板
——日本新文化原型应用与设计

第七章

连衣裙的结构设计

连衣裙是衣身与裙身拼接在一起的女性服装。连衣裙的穿着无年龄限制，是女士较喜欢的服装款式之一，在服装品种中被誉为"款式皇后"，是女装款式中变化最多、最受青睐的服装种类。

第一节　连衣裙的分类

按外轮廓形状对连衣裙进行分类可分为直筒型、紧身喇叭型、A型、V型（倒三角形）等，如图7-1-1所示。

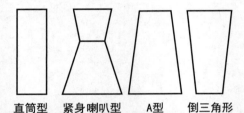

直筒型　紧身喇叭型　A型　倒三角形
▲ 图7-1-1　连衣裙外型的分类

按分割线变化进行分类可分为纵向分割及横向分割两种。纵向分割线包括前后中心线、公主线、刀背分割线等。横向分割线包括正常腰位分割、高腰位分割、低腰位分割、育克分割等，如图7-1-2所示。

中心线　公主线　刀背线　　　育克　高腰　正常腰　低腰1　低腰2
▲ 图7-1-2　连衣裙分割线的变化

第二节　连衣裙的结构设计

一、A型连衣裙

1. 款式风格
这是一款简朴、休闲的连衣裙款式，浅挖的船底形领口，无袖，前后片充分展开的造型，见图7-2-1。

▲ 图7-2-1　A型连衣裙款式图

2．面料

适合采用质地较薄、悬垂感好的面料。

3．成品规格

号型：160/84A

单位：cm

部位	胸围	裙长
尺寸	92	90

4．结构制图，见图7-2-2

（1）原型省道处理：

①后片：将肩省一部分量转至后中心打开。

②前片：同原型。

（2）作图要点：

① 设定前后衣身胸围松量，由于是无袖连衣裙，胸围的松量要比原型小一些，袖窿深也要浅一些。设计前后领口造型及肩宽。

② 因为是无袖的设计，后背宽可略窄一些会更显年轻。

③ 设计前后衣片切展线，加入褶量。

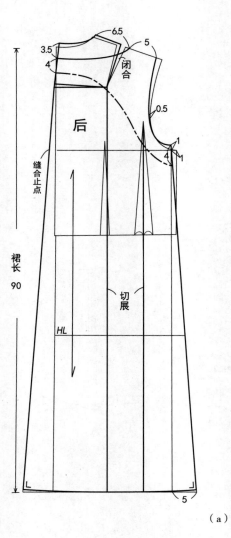

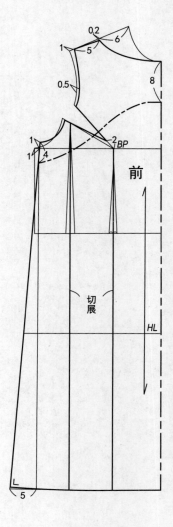

（a）

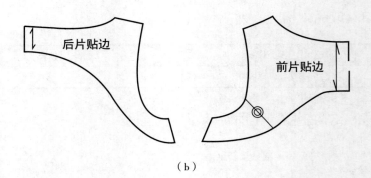

（b）

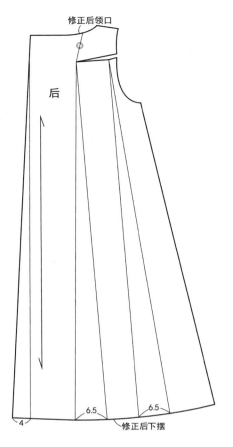

（c）后片展开　　　　　　　　　　　　（d）前片展开

▲ 图7-2-2　A型连衣裙结构制图

二、时尚分割连衣裙

1. 款式风格

这是一款充分体现体型轮廓的连衣裙款式，前衣身为刀背分割线设计，后衣身为弧形分割线设计，能很好地显现体型。领型及肩部的造型立体时尚，可采用不同质地及不同色彩的面料进行搭配设计，见图7-2-3。

2. 面料

面料适合采用质地较薄的毛料或化纤织物。

3. 成品规格

号型：160/84A　　　　　　　　　　　　　　　　单位：cm

部位	胸围	腰围	臀围	肩宽	裙长
尺寸	92	76	99	40	100

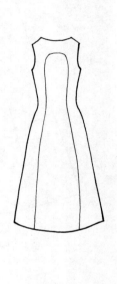

▲ 图7-2-3 时尚分割连衣裙款式图

4. 结构制图，见图7-2-4

（1）原型省道处理：

① 后片：肩省的1/2量分散到袖窿，作为袖窿松量。另1/2量分散到后中心。

② 前片：保持前后袖窿的平衡不变，将胸省的1/5量作为袖窿松量分散在袖窿处，剩余省量转至肩部。

（2）作图要点：

① 前后衣身的胸围松量采用原型尺寸。总肩的1／2确定后肩尺寸，因为是无袖款式，所以前后袖窿深分别减小0.7cm。

② 画设计线：确定前后衣身刀背分割线的位置，确定腰围、臀围尺寸。圆顺画出前后衣身设计线。

③ 画垫肩：以1／2肩线为基线，前袖窿弧长取6 cm，后袖窿弧长取7 cm，绘制垫肩。

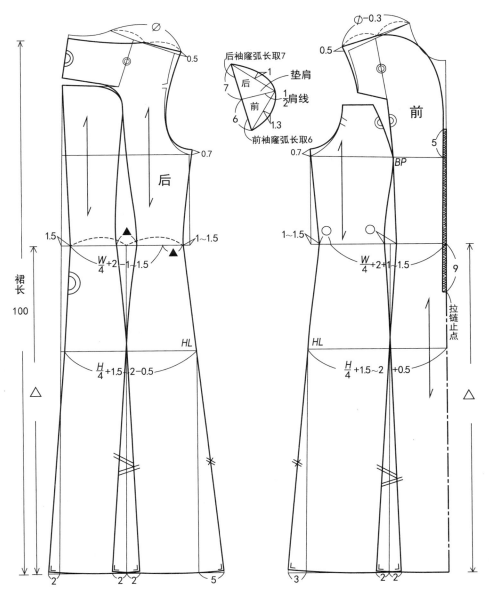

▲ 图7-2-4　时尚分割连衣裙结构制图

三、肩章袖连衣裙

1. 款式风格：

韩式风格的连衣裙款式，前身大褶塑造胸部造型，以连袖的方式塑造肩部造型。时尚感较强，见图7-2-5。

▲ 图7-2-5   肩章袖连衣裙款式图

2. 面料

适合选用棉麻等有质感的面料，不宜使用雪纺等较顺滑面料。

3. 成品规格

号型：160/84A

单位：cm

部位	裙长	胸围	腰围	肩宽	袖长
尺寸	77	88	72	38	10

4. 作图要点，见图7-2-6

① 在原型基础上制图，前后胸围各收进1cm，袖窿深抬高1cm，将前片的胸省转在腰部作为塑型活褶。

② 后片只保留一个侧腰省，前后断腰部位设计较高，腰拼略宽。

③ 前后下裙片给足够的量抽碎褶处理。

　　④ 袖子制图：袖山高取前后平均身高的4／5，袖山弧线按原型袖的制图方法制作，取10cm袖长；将袖山头打开塑型所需褶量；将前后肩的2cm量拷贝在袖山上，向外加出褶量与袖山吻合。

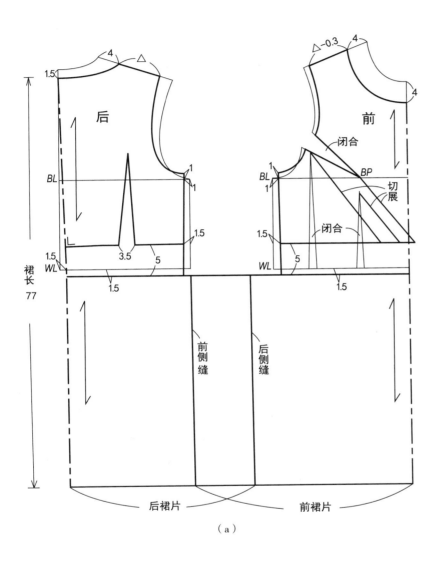

（a）

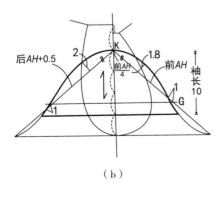

（b）

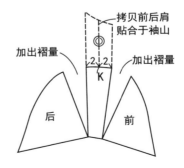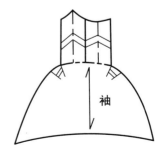

（c）袖子完成图

▲ 图7-2-6　肩章袖连衣裙结构制图

四、扭褶连衣裙

1. 款式风格

　　宽松休闲的连衣裙款式，腰节处扭褶处理，腰节下裙身可作紧身造型也可作宽松造型，时尚感较强，见图7-2-7。

▲ 图7-2-7　扭褶连衣裙款式图

2. 面料

适合采用质地中厚、悬垂感好、有质感的面料。

3. 成品规格

号型：160/84A

单位：cm

部位	裙长	胸围	臀围	腰围
尺寸	98.5	93	93	78

4. 结构制图，见图7-2-9

（1）原型省道处理：后片：将肩省转至领口，如图7-2-8。

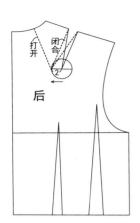

▲ 图7-2-8 后片省道处理

（2）作图要点：

① 设计前后肩宽，前后胸围各收进0.5cm，袖窿深上提0.5cm。

② 前后腰节上提7cm设计扭褶位置。

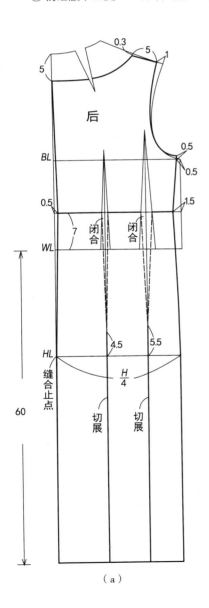

（a）

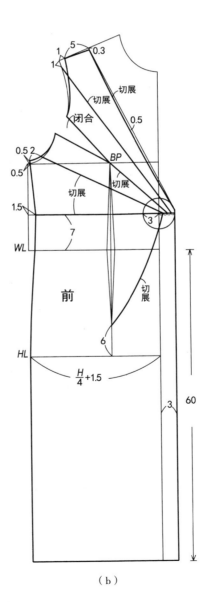

（b）

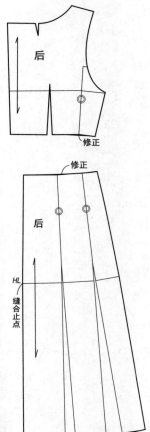

后

修正

修正

后

HL

缝合止点

（c）后衣身展开

BP

○=△+⧊

缝合止点

前

HL

（d）前衣身展开

▲ 图7-2-9　扭褶连衣裙结构制图

五、休闲连体裤

1. 款式风格

宽松休闲的连体裤款式，腰节处上衣和裤子断缝处理，衣身可作紧身造型也可作宽松造型，此款为紧身造型。裤身为直筒造型，时尚感较强，见图7-2-10。

2. 面料

适合采用质地较厚、悬垂感好、有质感的面料。此款面料上衣选用富有弹性的针织面料，裤子选用重磅真丝制作。

3. 成品规格

号型：160/84A　　　　　　　　　　　　　　　　　　单位：cm

部位	上衣长	腰围	臀围	裤长	脚口
尺寸	38	69	100	98.5	28

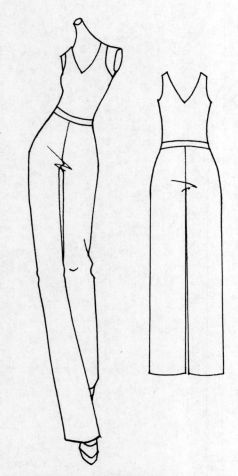

▲ 图7-2-10　休闲连体裤款式图

4. 作图要点，见图7-2-11

① 上衣身直接法制图，依据针织面料弹力大小确定胸围尺寸。

② 裤子制图：在裤原型基础上制图，前后腰围加出活动松量，设计新的脚口与中裆尺寸，中裆加大10cm，前后横裆加出量为中裆变值／8＝★，前后横裆变化值要依据中裆变化值，前后横裆变化值相等。此款脚口尺寸设计为28cm，属宽脚裤，所以裤中线在前横裆的1／2处。

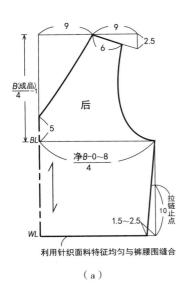

（a）

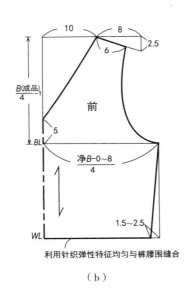

（b）

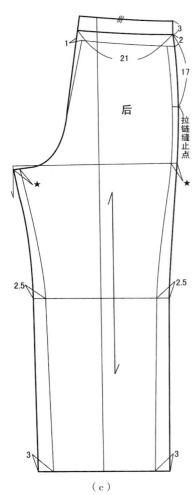

（c）

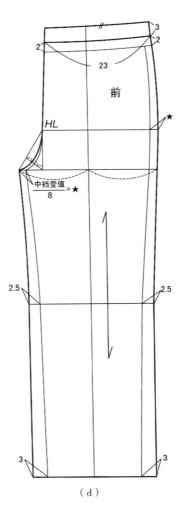

（d）

▲ 图7-2-11　休闲连体裤结构制图

女装结构设计与样板
——日本新文化原型应用与设计

第八章

女西服上衣的结构设计

▌第一节　西服概述

　　西服是具有经典西装风格外套的总称，主要有单排扣平驳领西服和双排扣枪驳领西服，领子、口袋、外轮廓造型等根据流行元素的不同而发生变化。有合体西服也有宽松休闲西服，是白领职业女性在工作中首选的服装品种。结构设计重点是驳领、腰部省道及合体袖的变化，面料可采用中等厚度、熨烫比较容易、便于塑型的精纺毛料、法兰绒、粗花呢等，而棉麻类、化纤类等面料则适合宽松休闲西服的制作。西服上衣的样板设计基于女装原型。

　　西服上装原型省道的处理：

　　文化式原型是符合人体立体形态的、加入省道、贴体的造型。用这个原型做成上衣类样板时，在功能和轮廓的表现上，原型的省量往往分散在袖窿、腰部、领围。

　　上衣类作图时，必须根据款式造型——贴体造型、宽松造型、肩的轮廓造型（即根据垫肩厚度）来调整各省量的平衡，移动（转移）、分散省量而制成样板。

　　在放入垫肩时，后衣身的肩省和前衣身的胸省均应留出其松量，分散在前后袖窿处，前袖窿松量应小于后袖窿松量。

　　腰省虽应以符合廓形表现来调整省量，但省道的位置和量的平衡最好不要有太大的变化。

▌第二节　女西服的结构设计

一、三面构成女西服

1. 款式风格
　　这是最基本的西服上装款式，兼有男装风格，由前衣身、后衣身、侧衣身三面构成，可根据里层穿着的衬衫、毛衫等与下装进行搭配，从休闲到正式，不拘泥于流行，穿用范围较广，见图8-2-1。

2. 面料
可选用中等厚度、熨烫容易、便于塑型的精纺毛料、法兰绒、粗花呢等。

3. 成品规格
号型：160/84A

单位：cm

部位	胸围	腰围	衣长	臀围	袖长
尺寸	95	85	66	99	58

▲ 图8-2-1　三面构成女西服款式图

4. 结构制图，见图8-2-2

（1）原型省道处理：

① 后片：因为是加入垫肩0.8～1cm的造型，所以肩省的2/3分散到袖窿，剩下省量为缩缝量。

② 前片：保持前后袖窿的平衡不变，将胸省的1/3～1/4作为袖窿松量分散在袖窿处，剩余省量转至肩部及领口。转至领口的量作为领口驳头部分的松量，驳头越长，省量越大。

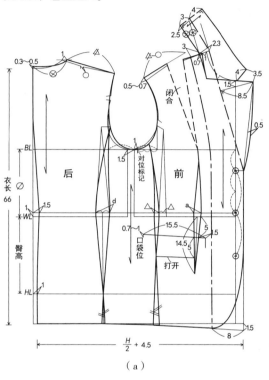

（a）

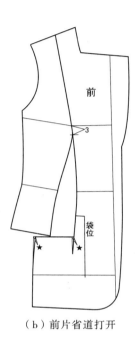

（b）前片省道打开

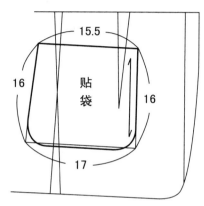

（c）贴袋的画法：贴袋在分割线缝合状态下，与前中心及下摆分别平行作图

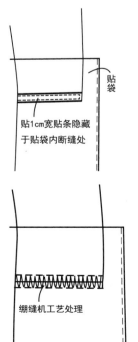

(d)贴袋内断缝的工艺处理

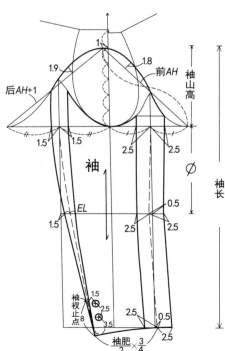

（e）

▲ 图8-2-2　三面构成女西装结构制图

（2）作图要点：

① 省道处理后的前后原型在侧缝处加1.5cm松量，前后腰节线水平对齐放置。腰节抬高1cm。

② 确定衣长、臀围线、后中心线。

③ 后颈点处上抬0.3~0.5cm，是为了使西装领后领口处穿着稳定，更加贴合人体。

④ 做出前后肩线，前肩线需在肩省闭合状态下确认。前肩端点处需加出垫肩厚度量。

⑤ 画出前后袖窿弧线，适当给出后背宽、前胸宽的松量。

⑥ 作出对位标记：胸宽线与背宽线的中点往前衣身方向偏1cm为对位标记。

⑦ 画出后刀背分割线、翻折止点线，前刀背分割线。注意线条的圆顺。

⑧ 定出口袋的位置。画贴袋。

⑨ 前片省道处理。

⑩ 袖子制图同两片袖制图。

二、四面构成女西装

1. 款式风格特征

合体、充满女性气息的上衣，雅致的青果领，双嵌线口袋，修身的公主线分割，见图8-2-3。

2. 面料

可选择中等厚度便于塑型的羊毛织物。

3. 成品规格

号型：160/84A

单位：cm

部位	胸围	腰围	衣长	臀围	袖长
尺寸	95	72	62	98	58

4. 结构制图，见图8-2-4

原型省道处理：同三面构成女西服。

制图要点：

① 省道处理后的后衣身原型在侧缝处加1.5cm松量，前后袖窿深加深0~0.8 cm。

② 确定衣长、臀围线、腰围线、后中心线。

③ 后颈点处上抬0.3~0.5cm，是为了使西装领后领口处穿着稳定，更加贴合人体。

④ 做出前后肩线，前肩线需在肩省闭合状态下确认。前肩端点处需加出垫肩厚度量。

⑤ 画出前后袖窿弧线，适当给出后背宽、前胸宽的松量。

⑥ 画出后片公主分割线，翻折止点线，前片公主分割线。注意线条的圆顺。

⑦ 定出口袋的位置。

⑧ 画领子：此款的青果领是领面与挂面连成一体，而领里则与衣身间有分割线，如图8-2-4（b）所示。

⑨ 青果领与挂面的样板处理：如图8-2-4（b）所示，此款青果领是翻领和挂面连在一起裁剪的，领里先装在衣身上，从前门襟开始接领外围进行缝制。根

▲ 图8-2-3　四面构成女西装款式图

据样板上SNP点处领子与领口的重叠量，将前领口的挂面切割与后领口的贴边连在一起装在挂面上。领后中心需连裁，挂面前端要保持直丝绺，所以挂面必须断开，断开的位置要在挂面下端不太醒目的位置，进行切展并加入缝制松量。

⑩ 袖子同两片袖制图。

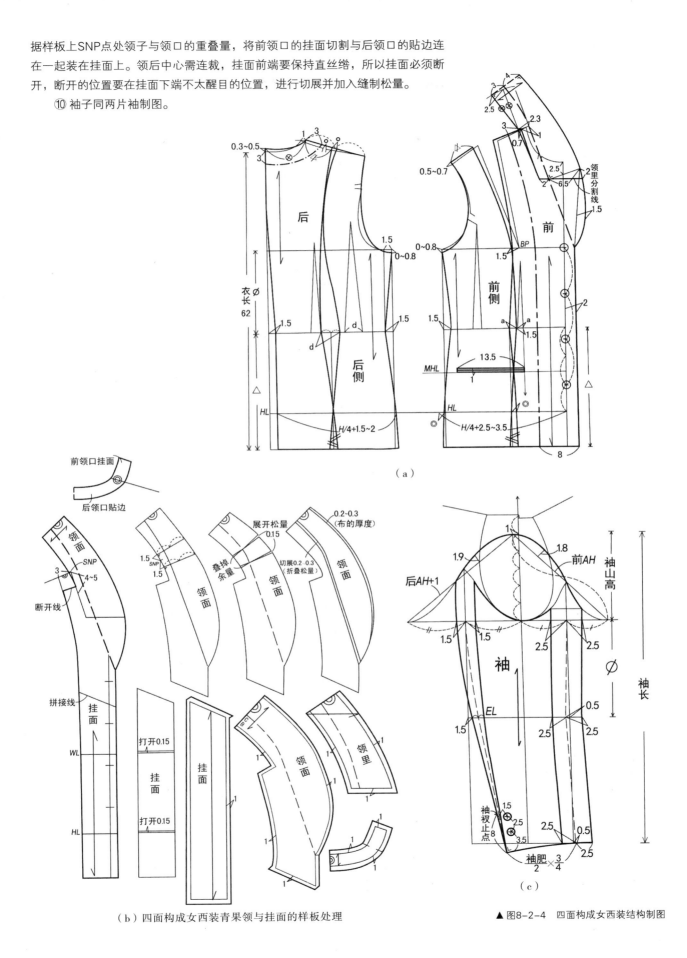

（a）

（b）四面构成女西装青果领与挂面的样板处理

（c）

▲ 图8-2-4　四面构成女西装结构制图

三、腰部分割休闲女西装

1. 款式风格特征

合体、腰部分割休闲女西装，时尚的分割袖，贴袋、缉明线装饰，穿着自然、休闲商务，可搭配裙子、裤子，日常和正式场合均可穿着，见图8-2-5。

2. 面料

可选择棉、涤、化纤等各类面料。本款选用针织中厚面料进行结构设计。考虑到针织面料的弹力特征，放松量不必太大。

3. 成品规格

号型：160/84A　　　　　　　　　　　　　　　　　　单位：cm

部位	胸围	腰围	衣长	肩宽	袖长
尺寸	91	75	54	38	57

4. 结构制图，见图8-2-6

（1）原型省道处理：

① 后片：将肩省0.5cm的量转移到袖隆作为袖隆松量，肩省0.5cm的量转移到领口作为领口松量，剩余量作为缩缝量处理。

② 前片：胸省留0.5cm作为袖隆松量，剩余胸省量分别转至刀背及原型腰省

▲ 图8-2-5　腰部分割休闲女西装款式图

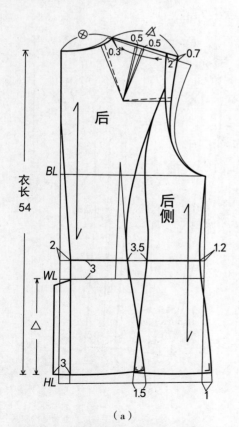

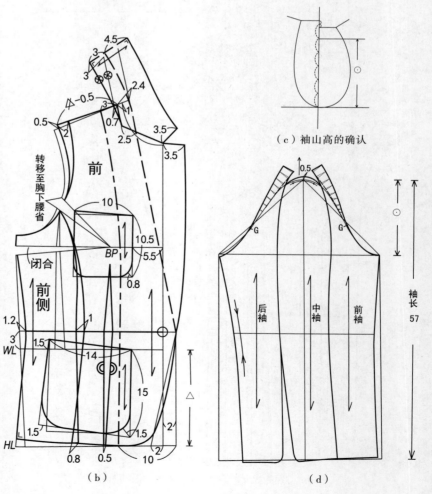

（c）袖山高的确认

▲ 图8-2-6　腰部分割休闲女西装结构制图

a，其中1/3量转至刀背，2/3量转至a省。

（2）制图要点：

① 肩宽调整至38cm。

② b省平移设计前刀背缝，线条需圆顺。为达到修身塑型效果，前后身腰节上提3cm。

③ 设计后刀背缝，线条需圆顺。

④ 下贴袋需将前下衣片省合并，画出贴袋位置。

⑤ 确定前后袖窿借肩部分。

⑥ 袖子的制图要点。

a袖子为一片袖，制图方法同原型袖，需将袖肘省转至袖口，定出G点。

b将前后袖窿分割部分贴于袖山上，下部与袖山弧线自然贴合，上部分自然顺直，设计切展线，打开至想要的造型。肩越平，此部位越直。

c袖中部分分割出理想的造型，根据自己的审美观点进行分割。

d袖山头要有吃势量，使其饱满圆顺，随着肩变平的同时，袖山在原正常的基础上加高，吃势量根据面料不同进行设计。

（3）工艺提示：

① 此袖型需用特制垫肩进行操作。

② 缝制时肩与大身在肩缝前后4cm处劈缝处理。

四、小翘肩西装

1. 款式风格特征

短款翘肩合体女西装，款式精巧、塑身，贴袋、肩部以翘肩为特点，穿着挺拔帅气，可随意搭配裙子、裤子，见图8-2-7。

2. 面料

可选择针织、梭织、皮、革等各类面料。本款以普通梭织面料进行结构设计。

3. 成品规格

号型：160/84A

单位：cm

部位	胸围	腰围	后衣长	前衣长	臀围	肩宽	袖长
尺寸	92	76	51	54	100	38.5	57

4. 结构制图，见8-2-8

（1）原型省道处理：

① 后片：将肩省的1/3量转移到袖窿作为袖窿松量，剩余量作为缩缝量处理。

② 前片：胸省留0.5cm作为袖窿松量，剩余胸省量转至腰省a。

（2）制图要点：

① 肩宽调整至38.5cm。

② 设计前后刀背缝，设计前后腰省，线条需圆顺。

③ 设计前腰节分割线，画出口袋位置。

④ 确定前后袖窿借肩部分。

⑤ 袖子制图：在袖山头需追加肩部打开量的1/2。

⑥ 借肩的结构处理，见图8-2-8（b）。

a将前后借肩拼合，设计打开线。

b设定总打开量，正常打开量为2.5～3cm。

▲ 图8-2-7 小翘肩西装款式图

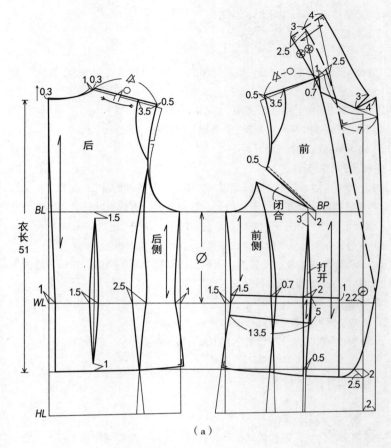

（a）

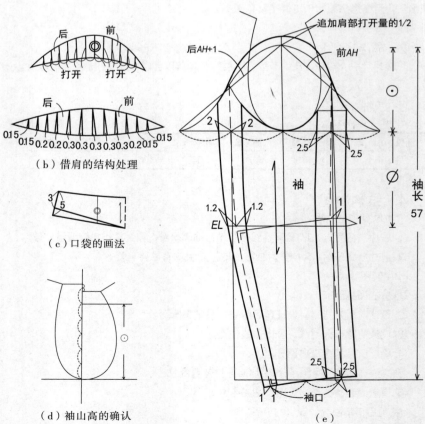

（b）借肩的结构处理

（c）口袋的画法

（d）袖山高的确认

（e）

▲ 图8-2-8　小翘肩西装结构制图

第九章

女大衣的结构
设计

大衣是指穿着在最外面的衣物及户外穿着的服装的总称。主要目的是用于防寒、防雨及防尘，还可用作礼服。大衣最早是贵族穿着的服装以及军人穿着的军装，在第二次世界大战后，战壕外套及粗呢军外套等完全防护的户外大衣，被各年龄段的男女广泛穿着。近年来，随着服装产业发展以及取暖设备、汽车等交通工具的普及，大衣的作用不仅仅体现在实用性能上，其功能性和时尚性也成为重要因素。

第一节　女大衣的分类

因为大衣是外衣，所以就必须考虑里面穿着的衣服，随着里面穿着的衣服的种类不同、宽松度不同，大衣的松量也不同，整体造型也会有所不同。

（1）从形状上区分有：合体型大衣、宽松型大衣、锥型大衣、披风型大衣、筒型大衣等。

（2）按长度划分有：短大衣、中长大衣、长大衣。

（3）按面料划分有：毛皮大衣、针织大衣、羊绒大衣、羽绒大衣、皮革大衣等。

（4）按季节划分有：冬季大衣、春秋季大衣、三季穿大衣。

（5）按袖隆线划分有：插肩袖大衣、半插肩袖大衣、两片袖大衣、连肩袖大衣、方形袖大衣、落肩袖大衣等。

第二节　女大衣的结构设计

一、收腰大衣

1. 款式风格特征
合体、收腰式大衣外套，主要用于女性外套和礼服，日常和正式场合均可穿着，见图9-2-1。

2. 面料
宜选用华达呢、法兰绒、女士呢等中厚面料。

3. 成品规格
号型：160/84A

单位：cm

部位	胸围	腰围	衣长	臀围	袖长
尺寸	97	76	108	100	58

▲ 图9-2-1　收腰大衣款式图

4. 结构制图，见图9-2-2

（1）原型省道处理：

① 后片：将肩省的2/3量转移到袖窿，剩余的1/3量作为缩缝量处理。

② 前片：胸省的1/3～1/4作为袖窿松量，剩余胸省量分别转至领围及肩部。其中领围转至量为1cm，其余胸省量转至肩省打开。

（2）制图要点：

① 作出前后衣片胸围放松量，此款为较贴合人体造型，松量设计较小。

② 画前肩线（肩省闭合状态下画肩线），考虑到大衣穿着时加入垫肩的厚度，肩宽加大1cm，定出前肩宽。

③ 画后肩线，画顺前后袖窿弧线。

④ 为达到美化体型的修身效果，腰围线上提2cm，腰部收省量加大。

⑤ 袖子同两片袖制图。

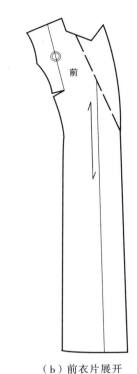

（b）前衣片展开

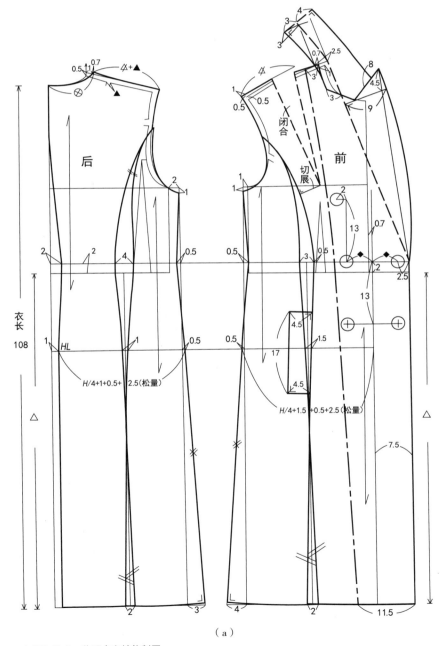

（a）

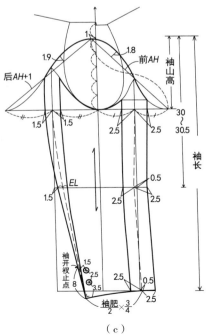

（c）

▲ 图9-2-2　收腰大衣结构制图

二、插肩袖大衣

1. 款式风格特征

较宽松休闲风格的大衣，插肩袖，穿脱方便，简洁大方，见图9-2-3。

2. 面料

可选择苏格兰呢、开士米等毛型织物。

3. 成品规格

160/84A   单位：cm

部位	胸围	肩宽	衣长	袖长
尺寸	102	40.5	80	58

4. 结构制图，见图9-2-4

（1）原型省道处理：

① 后片：将肩省的1/2～2/3量转移到袖窿，剩余量作为缩缝量处理。

② 前片：为了保持前后袖窿的平衡，胸省的1/3～1/4作为袖窿松量，剩余胸省量转至领口0.5cm作为领口松量，其余作为胸省量处理。

（2）制图要点：

1）后片。

① 作出后衣片胸围放松量。

② 延长肩斜线1～2cm（肩膀转折松量）为肩点SP点，以SP点为基点做10cm的直角线，如图9-2-4（a）所示画出袖中线。

③ 画插肩线：颈侧点抬高0.5cm，原型肩点抬高1cm，两点连接为新肩线，领宽加宽1cm后再抬高0.5cm。

④ 将后领口3等分，从G点至胸围线3等分，上1/3点为A点，画出装袖线。

⑤ 定出袖山高，袖山高为从SP点到袖窿底尺寸的3/4，见图9-2-4（b），做出袖肥线，画出衣身上的插肩袖造型线，确保袖窿底部两弧线吻合。

⑥ 画袖子：定袖长，做出袖口线，量取袖肥的3/4为袖口尺寸，做袖底线。圆顺的连接袖中线，注意袖山顶点附近要饱满。

2）前片。

① 前中心给出面料厚度0.5cm，叠门宽3cm，作出前衣片胸围放松量。

② 延长肩斜线1～2cm（肩膀转折松量）为肩点SP点，以SP点为基点做10cm的直角线，如图9-2-4（c）所示画出袖中线。

③ 画插肩线：将前领口3等分，D点到胸围线的距离2等分得到A′点，连接A′点与前领口的1/3点作为辅助线，画出袖窿弧线和插肩线。

④ 画袖子：前后袖山高等长，定袖长，做出袖肥线，确保CC′=D′E，做出袖口线。

⑤ 圆顺地连接袖中线，注意袖山顶点附近要饱满。

注意点：

插肩袖是以肩点（SP点）为基点确定袖山线的角度，角度越大，倾斜越强，肩线与插肩线越美观，袖山线的倾斜角度，后袖片比前袖片小。一般前袖53°，后袖37°，前后袖山角度相差16°时既可保证运动量也较美观。

▲ 图9-2-3　插肩袖大衣款式图

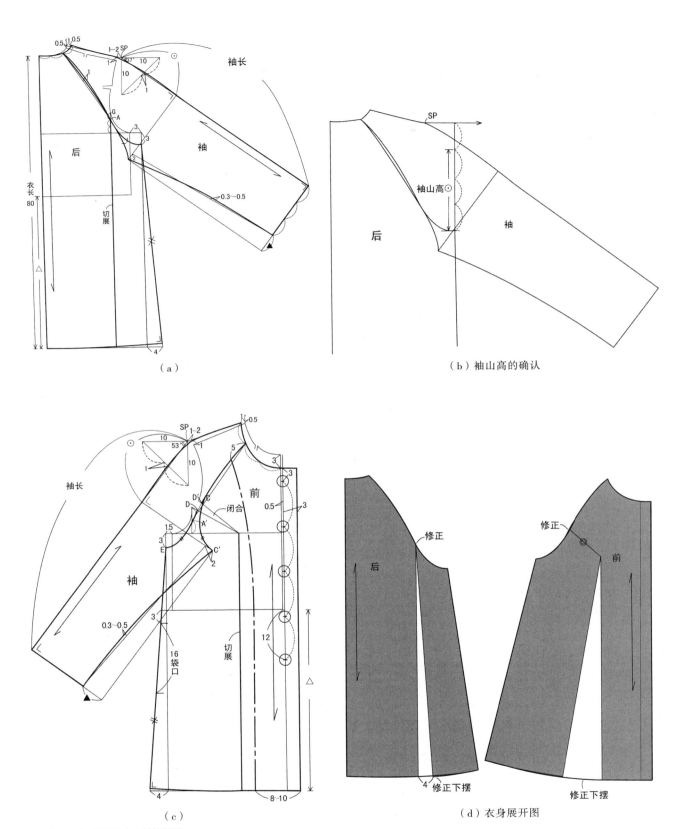

（a）

（b）袖山高的确认

（c）

（d）衣身展开图

▲ 图9-2-4 插肩袖大衣结构制图

▲图9-2-5　落肩袖大衣款式图

三、落肩袖大衣

1. 款式风格特征

休闲风格的落肩式大衣款式，宽松式连身帽无扣大衣，穿着随意、方便，见图9-2-5。

2. 面料

宜选用中厚针织面料及毛料。

3. 成品规格

160/84A　　　　　　　　　　　　　　　　　　单位：cm

部位	胸围	肩宽	衣长	袖长
尺寸	102	40.5	80	58

4. 结构制图，见图9-2-6

（1）原型省道处理：

1）后片：将肩省的1/2量转移到袖窿，剩余的1/2量作为缩缝量处理。

2）前片：胸省向领口转移1.5cm，剩余胸省量作为袖窿松量。

（2）制图要点：

1）将前后肩线延长，做出袖山线，确定袖长。

2）确定袖山高：以衣身SP点为基准减去落肩量6cm。设计袖长时应考虑加入一定的松量。

3）为保证袖子的方向性，后袖山弧线与袖窿弧线应互相重叠，前袖山弧线与前袖窿弧线应相分离。

4）画连身帽，连身帽作图要点：

①从领围前中心点（FNP）垂直向上量取连身帽长度的1/2，加入6~7cm的松量。

②量取帽宽为头围/2+2cm的松量。

③画出连帽装领线。

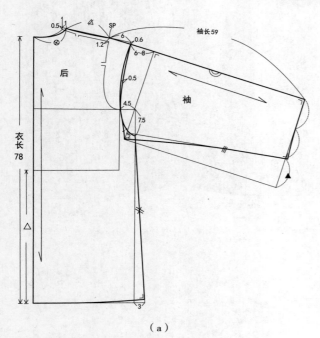

（a）

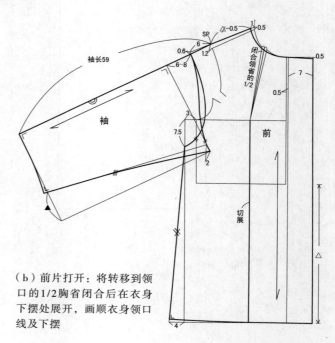

（b）前片打开：将转移到领口的1/2胸省闭合后在衣身下摆处展开，画顺衣身领口线及下摆

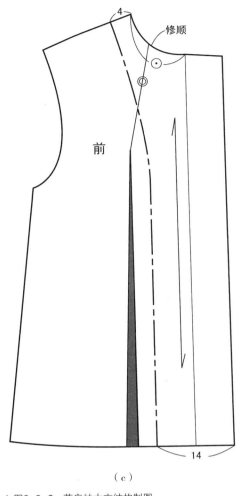

(c)

▲ 图9-2-6　落肩袖大衣结构制图

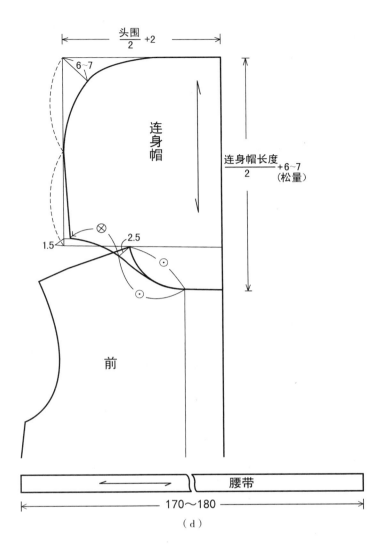

(d)

5. 连身帽的画法

连身帽是与衣身连在一起，遮盖头部至颈部的一种基本款式造型的帽子。帽子的大小是根据穿着目的和设计需要来决定的，以防寒防雨为目的的连身帽应紧贴头部，而突出设计感的帽子应考虑一定的松量，连身帽的制作需要测量头围与实际帽长。

头围和帽长的测量方法：头围是从眉宇经耳际到后脑勺的围度；帽长是从前领围中心点（FNP）开始经过头顶部再量至前领围中心点，测量时松紧适中。

（1）连身帽的变化款式一：有领省的连身帽，见图9-2-7。

作图要点，见图9-2-8。

① 依据款式需要，画出新的衣身领口线。

② 从领围前中心点（FNP）垂直向上量取连身帽长度的1/2，加入2～5cm的松量。

③ 量取帽宽为（头围/2-1～2）cm。

④ 以前衣片颈侧点（SNP）为基准向下2cm画水平线，画出装领线，连身帽装领线与衣身领围的差为省量。

▲ 图9-2-7　有领省的连身帽款式图

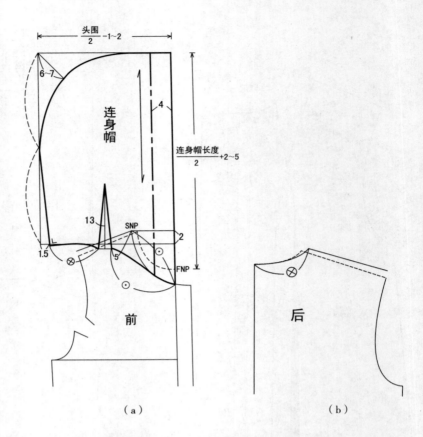

▶ 图9-2-8　有领省的连身帽结构制图　　　　　　　　　（a）　　　　　　　　　　（b）

（2）连身帽的变化款式二：法式帽，见图9-2-9。

作图要点，见图9-2-10。

① 在落肩式大衣连身帽的基础上制图，依据款式需要，画出新的衣身领口线。

② 画出帽子装领线。

③ 在帽身上设定两条打开线，设定打开量。

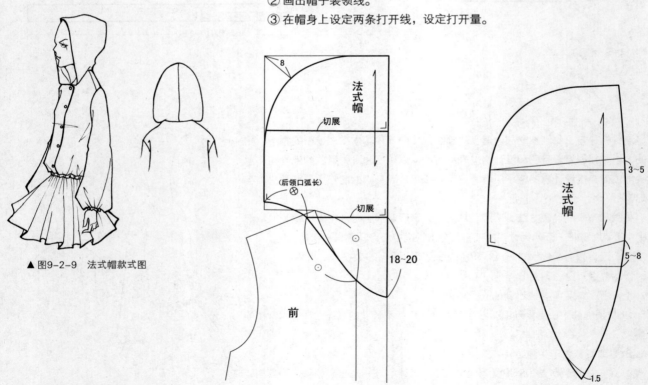

▲ 图9-2-9　法式帽款式图

▶ 图9-2-10　法式帽结构制图　　　　　　　　　　　　　　　　　法式帽打开图

四、A型大衣

1. 款式风格特征

宽松风格的大衣，外轮廓呈A型，简洁大方，下摆宽大，兼具功能性及美观性，见图9-2-11。

2. 面料

可选择轻盈的毛型织物或双面呢等。

3. 成品规格

160/84A

单位：cm

部位	胸围	衣长	肩宽	袖长
尺寸	99	85	40.5	26

4. 结构制图，见图9-2-12

（1）原型省道处理：

① 后片：将肩省的1/2量转移到袖窿，剩余量作为缩缝量处理。

② 前片：为了保持前后袖窿的平衡，胸省的1/4～1/5作为袖窿松量，剩余胸省量转至领口0.5cm作为领口松量，其余量转移至下摆展开。

（2）制图要点：

① 前中心给出面料厚度0.5 cm，叠门宽3 cm，做出前后衣片胸围放松量，袖窿深相应加深。

② 设计切展线的位置，因是A型风格，前后侧缝下摆分别放出一定量。

③ 前后衣片分别展开喇叭量，前胸省2等分后需分两次关闭，依次展开前衣片喇叭量。

④ 袖子制图：无方向性的袖子，结构设计原理及方法同合体一片袖的结构制图方法。

▲ 图9-2-11 A型大衣效果图

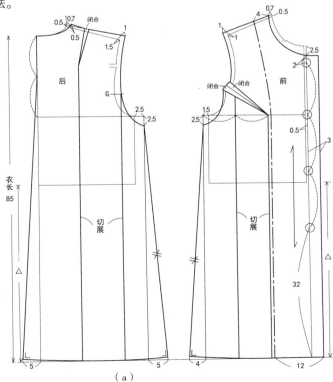

（a）

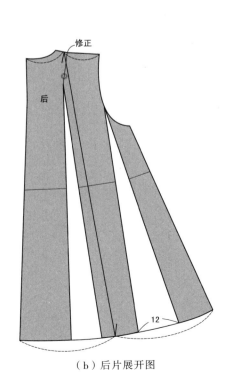

（b）后片展开图

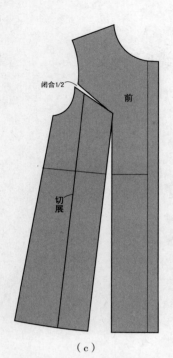

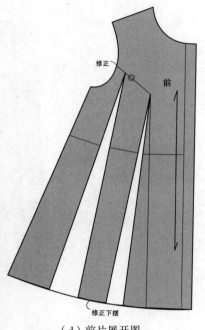

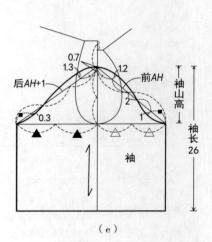

（c）

▲ 图9-2-12　A型大衣结构制图

（d）前片展开图

（e）

▲ 图9-2-13　立翻领双排扣大（风）衣款式图

五、立翻领双排扣大（风）衣

1. 款式风格特征

经典时尚风格的大衣，偏直身造型，三开身结构，简洁大方，腰身柔美，收身、立翻领、双排扣，装饰腰带，适合成熟女性穿着，见图9-2-13。

2. 面料

选择面较广，可选择毛呢织物及质地较密的风衣类面料等。

3. 成品规格

160/84A

单位：cm

部位	胸围	腰围	衣长	肩宽	臀围	袖长
尺寸	96	88	98	39	104	59

4. 结构制图，见图9-2-15

（1）原型省道处理，见图9-2-14：将原型前后片胸围线、腰围线平行放齐，前后片相距4cm设定松量。

① 后片：将肩省的1/2量转移到袖隆作为松量，剩余量作为肩部缩缝量处理。

② 前片：为了保持前后袖隆的平衡，胸省留1.5cm作为袖隆松量，剩余胸省量转至领口1cm作为领口松量，其余量转移至肩省展开。

（2）制图要点：

① 完成转省后的原型处理，设定肩宽、后背宽、前胸宽、袖隆深的尺寸。

② 后领口上抬1cm，领宽加大1cm，前后肩点在原型基础上上抬0.5~1.5cm，前领宽加大1cm，前领深加大1cm，画顺前后领口及肩线。

③ 画顺前后袖隆弧线，前胸宽小于后背宽1.5cm左右。

④ 进行衣身制图。

⑤ 画袖子：方法同两片袖制图。袖山高的取值需要依据所使用垫肩的厚度：厚垫肩取5/6值，薄垫肩取4/5值。

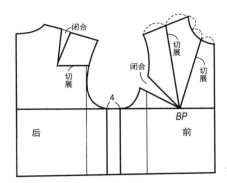

◀ 图9-2-14　原型省道处理

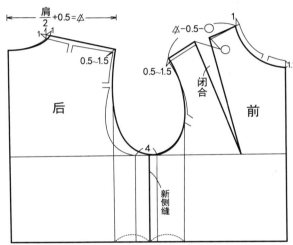

（a）转省后的原型处理

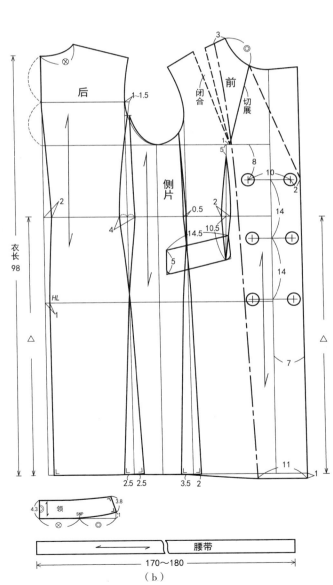

（b）

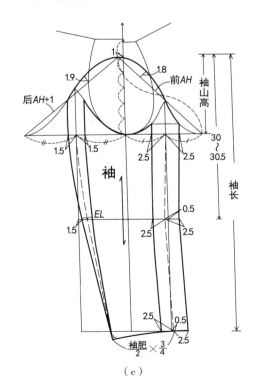

（c）

▲ 图9-2-15　翻立领大衣结构制图

女装结构设计与样板
——日本新文化原型应用与设计

第十章

服装工业制板

▌第一节　服装工业制板基础知识

一、工业样板的概念

工业样板以批量生产为目的，并且具备工业化生产所需要的各种要素，是服装产品在工业化生产中工艺和造型的标准与技术依据，包括裁剪样板和工艺样板两种。

二、工业样板的分类

工业样板要按照产品的技术要求，满足服装工业化生产中的各个环节。因此，工业样板又分为裁剪样板和工艺样板两种类型。

1. 裁剪样板

裁剪排料时使用的样板，是带有缝份的毛样板。包括面料、里料、衬料及辅料等样板。

2. 工业样板

缝制工艺过程中使用的样板，包括袋盖板、扣烫贴袋的口袋样板等具有模具的样板和纽扣板、省位板、净领样板等具有定位作用的样板。为了达到在裁片上方便、快速、准确对位和模具的作用，工艺样板通常为净样，从而使批量产品达到统一标准，由于要反复使用，所以工艺样板要求纸张结实、耐用，通常选用200g的硬纸板。

三、样板制作的技术依据

1. 款式结构图

工业样板中的款式结构图不同于服装效果图，是按照实际比例绘制的款型平面结构图。绘制时以正面视图为主，背面视图略小，对于某些特殊设计或较为复杂的部位，还应画出局部放大图，并作必要的文字说明。款式结构图是样板制作的首要依据。

2. 服装成衣规格

服装企业成衣生产规格的构成依据通常有以下三方面来源：

（1）实际测量人体体型取得所需数据。

（2）由客户或定向销售单位提供数据。

（3）按照国家服装标准的要求，设计和编制出服装号型规格表，并由此可得到成品规格。关于号型规格的设置在前面章节已做过具体描述。

3. 产品技术标准

产品技术标准中有规格公差规定、纱向规定、拼接规定等。这些技术标准和要求均不同程度地反映在样板中，样板制作时一定要依据标准中的有关技术规定做出标示。

4. 产品工艺说明

由于裁片和缝纫组合的方式不同，缝型结构的不同，样板制作需要依据产品工艺说明作出相应的技术处理。

5. 文字标注要求

工业样板中所选用的文字、数字、字母、符号都必须做到：字体端正，笔画清晰，间隔均匀，规范严谨，表述正确。

四、裁剪样板的制作

1. 样板的放缝

放缝就是在净板的基础上加放一定的缝合量，使之成为毛板。加放的缝合量一般统称缝份。在工业用样板制作过程中，由于服装款式不同，面料不同，制作工艺及缝纫设备的限制，服装的品质及组织结构等方面的不同，这些因素都会影响到实际生产，因此对服装样板的放缝也有不同的要求。

（1）面料厚薄对放缝的要求 样板放缝的主要标准通常是依据所使用面料的厚薄而定，根据面料厚薄的区分可分为薄、中、厚三种放缝量。厚织物放缝量一般是1.3～1.5cm，如厚呢料、粗纺呢、海军呢等；中厚织物放缝量一般是1cm，如花呢、薄呢、精纺毛织物等；薄织物放缝量一般是0.8～1cm，如棉、麻、丝、薄化纤织物等。

（2）样板结构形式对放缝的要求 缝份是在结构完成线上平行加出，为使领口线、袖窿线以及复杂曲线处能连顺并正确缝合，这些部位的缝份往往需要作出角度。如刀背分割线处、大小袖袖缝处的放缝需进行直角放缝处理。这样做的目的是为了在缝制时使两片容易对合，如图10-1-1所示。

前后衣、裙片的底摆、袖口、裤口等部位的折边，如果按轮廓线平行加放缝份，当缝份回折时会出现尺寸大小不一，产生互不伏帖现象，严重影响成衣外观质量。如图10-1-2所示，如将a线向上翻折至b线使之相重合，可看出a线长于b线。要解决这个问题，a线向上翻折后应与b线长度相等并完全重合，将多余部分（阴影）剪掉。

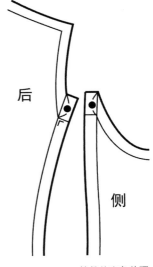

▲ 图 10-1-1 缝份的直角处理

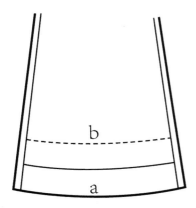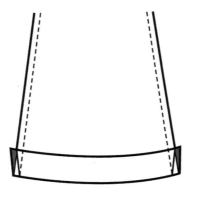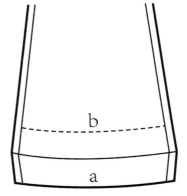

▲ 图 10-1-2 缝份的折边处理

2. 样板的定位标记

样板中的定位标记起着标明位置、表示大小的作用，对裁剪和缝制都起着重要的指导作用。在具体操作和使用过程中，样板的定位标记主要有打剪口和钻眼两种。

（1）打剪口　打剪口也称剪刀口、剪刀眼，就是在样板边缘需要标注的部位剪成三角形缺口，剪口要垂直于轮廓线，剪口深度一般为0.3~0.5cm，剪口的间隔在25~30cm。一般情况下，样板中需要打剪口的部位有：

① 裁片和缝合边线：某些裁片前后或上下位置容易混淆，所以应在相应的位置打剪口，以方便缝制时区分前后或上下；对于较长的缝边，除了两端对齐外，在中间部位还应增加几个剪口以方便缝制时的对位。

② 放缝与贴边：某些特殊部位的放缝量以及贴边、底边都应用打剪口的形式标出实际的宽度。

③ 省道与褶裥：省道需按其宽度及形状进行标记；褶裥部位需要用斜线标出褶裥的折叠倒向。

④ 开口与开衩：主要对开口与开衩的长度起始、终止进行标位；折边的开口与开衩有时也需要对宽度进行标记。

（2）钻眼　钻眼也称打孔、点眼孔，是在裁断时进行的，主要用于样板内部打剪口做定位标记的部位。钻眼的大小，以方便点、印、记为准，一般孔径为0.3cm左右。在样板中需要钻眼处理的部位如下：

① 零部件的装配位置：如开袋时袋口的位置和大小；贴袋的位置和大小；扣眼的位置和间距等。

② 收省长度：按照省道的实际长度进行钻眼。

③ 贴边或折边位置：除了必要的打剪口之外，有时也需要在样板内部以钻眼的方式标记贴边或折边位置。

注意点：在样板中，钻眼点与实际的定位点是一致的；而在画样裁片中，钻眼点应比实际定位点缩进一些，孔径控制在0.1~0.15cm，以避免缝制后钻眼点外露或毛出。

3. 样板的文字标注要求

在工业样板中，要求对每一个样片有详细规范的文字标注，需标注的文字内容有：

（1）产品名称、货号或款号：为了便于管理，对整套的工业用样板需标注统一的产品名称、货号或款号。

（2）样板的号型规格：为了便于管理，同时也为了裁剪和缝制时有一个数量和技术的依据，在样板上需标注样板所属的号型规格，如160/84A、165/88A或S、M、L等。对于各号型通用的样板，如袋布、嵌线、门襟等，则应将通用的号型规格标注在同一样板上。

（3）样板的结构名称：在整套样板中，不同结构部位的样板要标注不同的名称，如前片、后片、贴边、大袖片、小袖片等。

（4）样板的种类或使用材料：在样板上需标明样板的种类或使用材料，如是面料样板还是里料样板或是使用何种材料进行裁剪。通常标注在样板的结构部位名称后，如前片面、后片里、前片衬等。

（5）样板的纱向：样板中需标注布丝的方向，包括直丝、横丝和斜丝，纱向是指示服装裁片在面料上的摆放方向。工业样板的纱向标注是从头标到尾，这样便于裁断的排料。工业板的纱向分两种：

① 双向纱向：是指裁片在面料上可以双向摆放，较为省料。

② 单向纱向：又分顺向纱向和戗向纱向，裁片在面料上只可以单向摆放，这是针对一些特殊面料如有倒顺毛的羊绒面料、灯芯绒面料等。但这样排料较费料。

（6）样板的裁片数量：通常与样板的结构部位名称和样板使用的材料组合起来一起标注，如前片面×2、大袖片里×2等，表示前片面料、大袖片里料各裁剪两片。

（7）对条格：对条格时，原则上要求左右身片对称，特殊条格与对条格位置的表示，要在样板上用彩笔标注。

（8）其他标注：左右不对称的衣片和部件，应标明左右片；前后或上下容易混淆的样板应标明前后或上下；需要利用面料布边裁剪的样板，应标明光边的位置。

第二节　羽绒服结构设计与样板制作

棉羽绒服样板设计重点：在风格定位确定的前提下，棉羽绒服的样板制作，根据填充物的不同，工艺也会不同，相关联的样板工艺处理也不尽同；另外填充物厚度和克重不同，相关联的样板放松量也不同，因此掌握羽绒服样板设计的工艺结构原理和样板松量的加放原理，是样板结构设计的核心。本节以内销冬装普遍穿着的休闲修身打结帽领女装棉羽绒服为例来作基本说明。

一、休闲修身打结帽领女装棉羽绒服款式说明

（1）风格定位　休闲，修身，衣身体现女性的柔美感，随意的飘带领帽不仅很实用，又使整体效果充满时尚感。适合25~40岁女性穿着，见图10-2-1。

（2）款式描述　短款；重点在于打蝴蝶结的连帽领（下有立领底座）；前后分别是胸围线以上加横向分割线和大身纳线融为一体，侧面加小刀背修饰腰身，下加隐形拉链口袋；视觉紧密精致的纳线是本款的另一重要设计点。前开口采用5[#]金属单开闭尾拉链，内加底襟增强功能性。

（3）用料　此款适用手感轻薄的涂层面料；胆布也要选择轻柔效果的和面料匹配。常用的有260T或291T胆布，或者杜邦胆。（棉羽绒面料多有涂层，防止漏绒，并有透气功能）

（4）填充物　此款填充羽绒最好是90%绒，（常用的还有70％绒和60%以上的纯绒朵）克重约为75g。以下会具体提到。此款也可以制作成棉服，填充用棉最好是仿丝绵或和羽绒手感接近的羽绒棉，以下样板规格适用的棉克重为：大身用棉120~140g；袖子用棉80~100g。超出此范围，相同的成衣规格要求下，样板规格就需要做相应的调整。

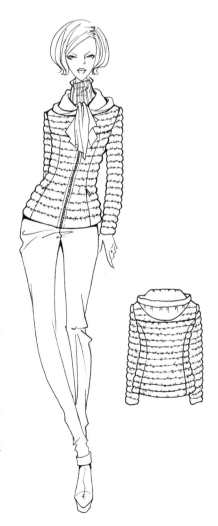

▲ 图10-2-1　休闲修身打结帽领女装棉羽绒服款式图

二、休闲修身打结帽领女装棉羽绒服制板

（一）关于原型样板的处理

首先对原型样板进行处理。画出新的胸围线，找到新的BP点，画出新的前后领口弧线及后肩省和前袖窿胸省，做出新的前后肩线、袖窿弧线和侧缝线，见图10-2-2。

原型样板规格　号/型：160/84					单位：cm
部位	后中腰长	前腰长	胸围	肩宽	领围
样板规格	38.5	42.5	104	40.5	50

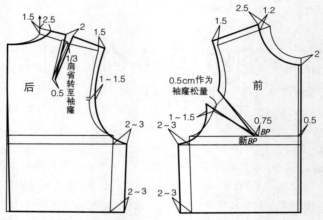

▲ 图10-2-2　原型样板处理

（二）原型腰省的重新分配

原型中新的后肩胛骨点和BP点已重新找好，按初始原型的腰省分配法重新分配各部位腰省，合体的棉羽绒服依然采用10cm的半腰围省大总值。需要提醒的是：在款式实际操作中，这里腰省的分配和取值，只能做款式结构线和对应腰省取值的参考，见图10-2-3。

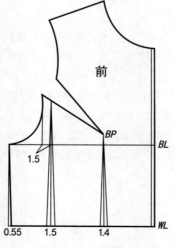
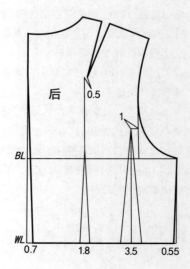

▲ 图10-2-3　原型腰省的重新分配

（三）款式规格设计

规格表　号/型：160/84A　　　　　　　　　　　　　　　　单位：cm

部位	后中长	前衣长	胸围	腰围/臀围	肩宽	领围	袖长	袖肥
成衣规格	57	63	100	86/110	39.5	48.5	62	37
样板规格	59.5	66	104	88/113	40-40.5	48.5	64	39-39.5

说明：成衣规格和样板规格根据款式和面料不同会有所不同。棉羽绒服规格出入偏大。其主要影响因素是：①线缝缩；②填充物的空隙量和纳线行缩；③面料热烫缩。样衣研发阶段可根据样衣效果灵活调整，大货生产时则一定考虑并测试以上因素值，然后结合样衣调整大货生产样板，以保证大货成品规格和质量。

（四）款式结构制图

1. 省道处理

胸省的处理：先将袖窿胸省转移到侧缝；侧缝省合并2cm，打开袖窿，作为袖窿松量；合并剩余侧缝省，转移至前片分割线，见图10-2-4。

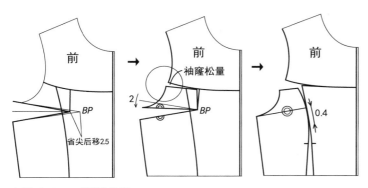

▲ 图 10-2-4　省道的处理

2. 衣身结构制图

前止口下摆角做凹势处理的原因：充绒后下摆除止口中心外，是立体的圆面，所以，凹势样板处理后的成衣下摆是整体平顺的效果，不会出现凸角的毛病，见图10-2-5。

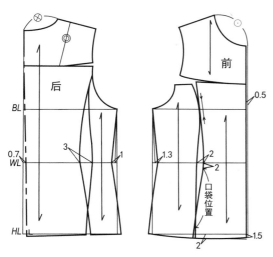

▲ 图10-2-5　衣身结构制图

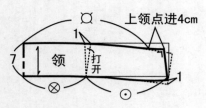

▲图 10-2-6　领子制图

3. 领子、帽领制图

画出领子如图10-2-6所示和帽领如图10-2-7所示。

4. 袖子制图

制图方法同合体一片袖或两片袖，按两片袖制图方法做出袖子如图10-2-8所示。

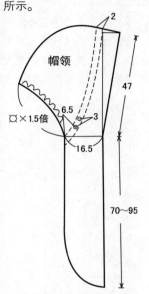

▲图 10-2-7　帽领制图

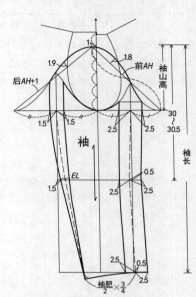

▲图 10-2-8　袖子制图

（五）样板制作

1. 面样板制作，见图10-2-9

（1）对位刀口部位要准确，位置合理，便于生产制作。

（2）放出缝份：下摆放出5cm缝份，兜布、兜垫放缝份1.5cm，其他部位放缝份均为1cm。

（3）挂面的配制要求：止口处向下加放0.5cm松量，与里布拼合缝处下方加1cm松量，领口处由肩线向外平行加放0.5cm松量。

（4）样板名称的标注要求：简单明确标明样板信息，包括样板款号、部位、纱向、号型、使用工艺要点（如贴、拼、绗等）。

（5）画绗线：绗线要先画后衣片，由后向前逐一画绗线。

2. 里料样板制作

（1）在面样板基础上调整增加工艺松量后的里料基础样板，如图10-2-10所示。

（2）画出正确的里料轮廓线，下摆在面样板的基础上缩短了贴边4cm的量，各下摆角0.2~0.4cm的松量是里料下摆和面下摆拼合的补差量。

（3）里料放缝份：各部位放缝份均为1cm，兜布放缝份为1.5cm，如图 10-2-11所示。

特别提示：

（1）为了减少生产工艺成本，后片可以如图10-2-12所示做成整的收省结构，肩省可以转到领口；前片袖窿省可以转到前挂面拼缝或前片腰省上。

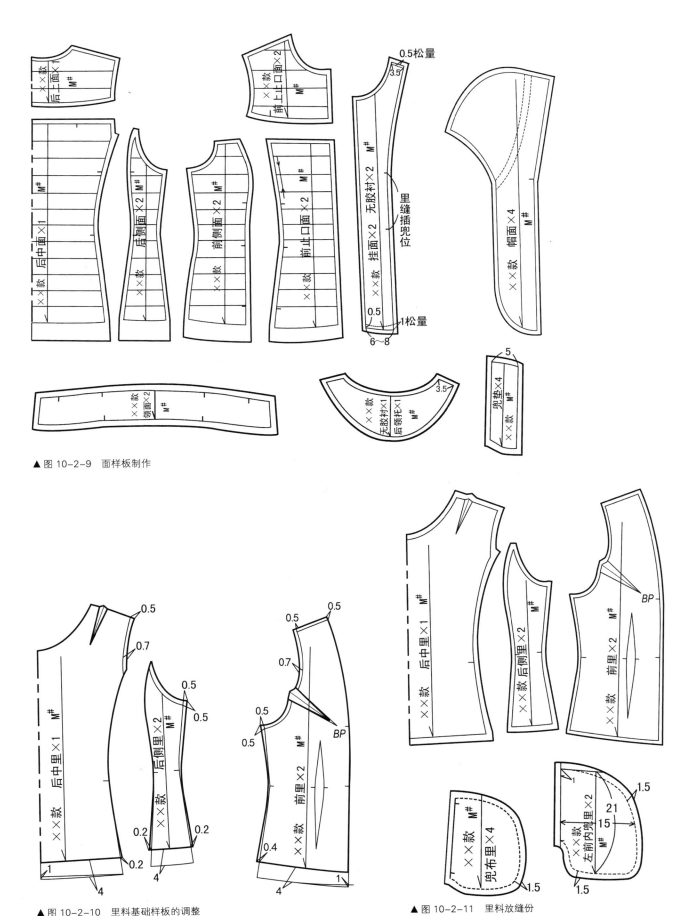

▲ 图 10-2-9　面样板制作

▲ 图 10-2-10　里料基础样板的调整

▲ 图 10-2-11　里料放缝份

（2）因羽绒服较膨松，面布和里布本身已有了一定的空间量，所以不需要在里布上做眼皮等工艺预留松量。

3. 袖子样板制作

（1）在袖子的面布样板画出绗缝线，放出缝份，如图10-2-13所示。

（2）对袖里样板进行调整，如图10-2-14所示。

（3）袖里放出缝份，如图10-2-15所示。

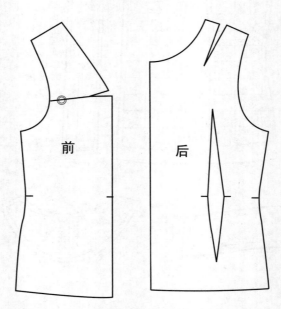

▲ 图 10-2-12　减少生产工艺成本的前后衣身处理

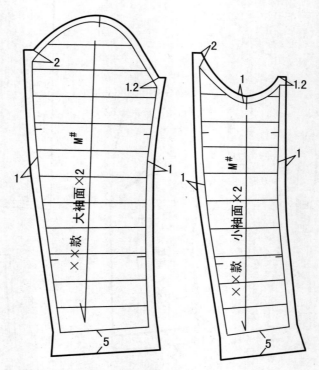

▲ 图 10-2-13　绗缝及袖面放缝

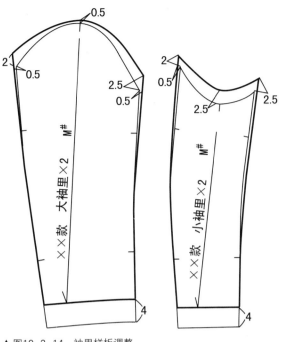

▲ 图10-2-14　袖里样板调整

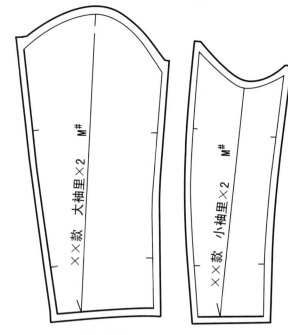

▲ 图10-2-15　袖里放缝

（六）胆布加放工艺

1. 胆布的加放量是依据样衣的制作工艺要求和款式的外观要求来确定的

（1）依据制作工艺要求，分为三层做法和四层做法：

① 三层做法：面布+胆布+里布，羽绒填充在面布和胆布之间，对面布的防透绒处理要求高，多用于无缝粘接工艺，常应用于运动轻薄系列的秋季薄羽绒款式中，这类衣服的胆布放量较少，相对绒充的克重也少。

② 四层做法（常规羽绒服做法）：面布+胆布+胆布+里布，羽绒填充在两层胆布之间。优点是不宜透绒，羽绒蓬松度保持较好，这类做法的胆布放量就较多，相对绒充的克重也多。

（2）依据款式的外观要求：

绗线较多、较密时，胆布放量较多，例如：纵向8cm左右的纳线间距，胆布每格需要0.3～0.5cm的松量，纵向5cm左右的纳线间距，胆布每格需要0.2cm的松量。外观要做面包服效果（也叫香肠效果）时，胆布放量较少，相同的成衣长度要求时，面料的消耗量反之较多。外观要呈现平缓立体感不强的效果时，胆布的放量就偏大。

2. 胆布加放方法示例

根据加绒部位的样衣毛板加放，此款需加绒的部位是：后上、后中、后侧、前侧、前中、前上拼、领子、帽子、帽身、袖子。

现以后中为例，说明胆布不同放量的确定方法，见图10-2-16。

图10-2-16（a）适用于四层做法、外观平伏效果时，工艺为先充绒后纳绗线要求时，长度计算为：12格绗线×每格0.2cm的松量=2.4cm，围度加出0.6～0.8cm。

图10-2-16（b）适用于三层做法、外观香肠效果时，工艺为先纳绗线后充绒要求时，长度计算为：12格绗线×每格0.1cm的松量=1.2cm，围度加出0.4cm。

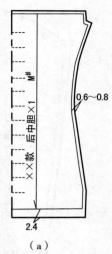
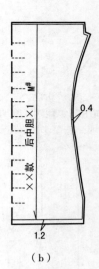

（a）　　　　　　　　　　（b）

▲图10-2-16　胆布加放方法

（七）样片充绒量的计算方法

按平方面积来计算，通常采用的计算系数如下表。

充绒量	大身	袖子	帽子
90%	90g/m²	70g/m²	40～50g/m²
70%（内销）	110～140g/m²	90～110g/m²	50～70g/m²
70%（外贸欧美）	140～180g/m²	100～140g/m²	70g/m²

面积的计算目前多采用CAD自动计算，比较高效和精确，如果没有CAD自动计算条件，需要手工计算时可参考以下方法：

以后中衣片为例（以净样板的面积为准来计算），见图10-2-17。

（1）先把样片分成几个小块。

（2）确定每个小块的宽度：以每小块高度的1/2水平量确定宽度。

（3）每小块高度与宽度相乘得到每小块的面积，各块的小块面积的总和即为样片的面积。

以图10-2-18后中衣片为例说明：后片面积=0.0817m²×2=0.1634m²×90=14.7≈15g，即此后片的充绒量为15g。

其他各片计算方法一样，应注意系数不同。

特别提示：示例样片中的后中片是连折的，所以每小块的面积相加后需要乘以2以后才是后中样片的面积。

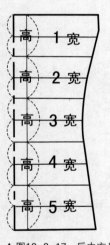

▲图10-2-17　后中衣片

参考文献

1. 刘瑞璞. 服装纸样设计原理与技术—女装篇. 北京：中国纺织出版社，2005.

2. 张文斌. 服装结构设计. 北京：中国纺织出版社，2006.

3. 张文斌. 服装工艺学——结构设计分册. 北京：中国纺织出版社，1990.

4. 〔日〕三吉满智子. 服装造型学——理论篇. 郑嵘 张浩 韩洁羽 译. 北京：中国纺织出版社，2006.

5. 〔日〕中屋典子 三吉满智子. 服装造型学——技术篇Ⅰ. 孙兆全 刘美华 金鲜英 译.北京：中国纺织出版社，2004.

6. 〔日〕中屋典子 三吉满智子. 服装造型学——技术篇Ⅱ 刘美华 孙兆全 译. 北京：中国纺织出版社，2004.

7. 〔日〕中屋典子 三吉满智子. 服装造型学——技术篇Ⅲ 特殊材质篇. 李祖旺 金鲜英 金贞顺 译. 北京：中国纺织出版社，2005.

8. 〔日〕中屋典子 三吉满智子. 服装造型学——技术篇Ⅲ 礼服篇. 刘美华 金鲜英 金玉顺 译. 北京：中国纺织出版社，2006.

9. 王珉 王健. 服装教学实训范例——服装工业制板. 北京：高等教育出版社，2005.

10. 〔日〕文化服装学院. 文化服饰大全——服饰造型讲座①—⑤. 上海：东华大学出版社，2005.

11. 张道英 程馨仪. 女装结构设计——日本新文化原型应用. 上海：上海科学技术出版社，2009.

12. 陈明艳. 女装结构设计与纸样. 上海：东华大学出版社，2010.

13. 郝瑞闽. 服装结构制图与样板 (下). 石家庄：河北美术出版社，2008.

女装结构设计与样板
——日本新文化原型应用与设计